现代物流技术装备一本通系列丛书

自动分拣系统一本通

主编　胡　勇

中国物资出版社

图书在版编目（CIP）数据

自动分拣系统一本通/胡勇主编．—北京：中国物资出版社，2011.1

（现代物流技术装备一本通系列丛书）

ISBN 978－7－5047－3589－8

Ⅰ．自…　Ⅱ．①胡…　Ⅲ．①自动分拣机　Ⅳ．①TH691.5

中国版本图书馆 CIP 数据核字（2010）第 202082 号

策划编辑　王佳蕾

责任编辑　王佳蕾

责任印制　何崇杭

责任校对　孙会香　梁　凡

中国物资出版社出版发行

网址：http：//www.clph.cn

社址：北京市西城区月坛北街 25 号

电话：（010）68589540　邮编：100834

全国新华书店经销

北京京都六环印刷厂印刷

开本：710mm×1000mm　1/16　印张：11.5　字数：188 千字

2011 年 1 月第 1 版　2011 年 1 月第 1 次印刷

书号：ISBN 978－7－5047－3589－8/TH·0099

印数：0001—3000 册

定价：22.00 元

序

应该说，成本和服务一直是物流管理的核心部分，也是物流管理水平高低的判断依据。物流服务中的分拣作业，在这两个维度均起着极为重要的作用。

分拣作业指的是依据顾客订货要求或配送中心送货计划，迅速、准确地将商品从储位或其他区域拣出，并按照一定方式进行分类、集中，等待配装送货的作业过程。

由于我国物流标准化问题、劳动力供需状况、物流在企业中发挥的作用等因素，长时期以来大多数行业采取手工分拣的方式。但开始于邮政包裹的自动分拣系统，拉开了机械化、自动化和智能化分拣应用的序幕。主要源于以下几个驱动因素：

（1）服务成本和服务时间。据统计，一方面，物流成本大约占货品成本的30%，而拣选作业成本占配送中心总成本的15%~20%；另一方面，拣货作业所需的时间占物流中心作业时间的40%。由此可见，合理的拣选作业方法、合适的拣选设备、分拣作业系统的合理规划等对配送中心运作效率的高低具有决定性的影响。世界各国的大型物流中心都十分注重发展先进的自动分拣技术和设备。

（2）人力分拣出错率高。多品种、高频次、随机性的商品分拣越来越普遍，使用人力作业，出错率高。而订单正确率是区分物流服务水平的主要关键业绩指标之一。

（3）劳动力成本增加。新劳动合同法的实施、局部地区普通工人劳动力的短缺，直接或间接地增加了劳动力成本。使机器分拣替代劳动力分拣，在经济性方面迈了一大步。

（4）物流服务水平要求的增加。在产品多样化、灵活性、交货时间等方面的要求越来越高，必须大幅度提升分拣作业的速度和质量，分拣系统的建设成为配送中心非常重视的问题之一。

因此，对分拣系统知识的普及和应用，在当前形势下显得很有必要。作为“现代物流技术装备一本通”系列图书中的一本，本书为读者提供了关于分拣系统的全面、详细和具体的介绍和探讨。主要涵盖了各种典型的分拣系统，包括自动分拣系统、电子标签拣选系统、RF 分拣系统，以及其他拣选系统。自动分拣系统能够连续地、大批量地分拣货品、分拣误差率低、基本实现无人化；电子标签拣选系统在正确率、拣货速度、数据管理和分析方面优势明显；RF 分拣系统除了确保正确性和效率外，能有效跟踪物流动态；其他拣选系统，在拣选效率和质量方面也各具特色。

本书的突出特点表现在，分拣系统的普及性介绍和应用性贯穿全书，图文并茂，并富有一系列翔实的成功案例。通读本书，可以全面了解当前国内外较为先进的分拣系统，包括特点、适用范围、使用方法、流程和使用效果等。它既可以作为高职、专科学校、中等职业学校物流相关专业教学参考书和实训手册，也可作为物流从业人员在分拣设备引进、作业流程的制定、配送中心管理等方面的参考书。

本书由长期从事与分拣系统相关的教学人员共同编写，他们是侯林丽、孔爽、刁培培、宋瑶、罗卿，由胡勇负责统稿。

由于时间仓促，水平有限，不正之处，请读者批评指正。

作　者

2010 年 9 月

目录 Contents

1 分拣作业

1.1 分拣作业的概念

货品在从生产厂流向顾客的过程中，总是伴随着货品数量和货品集合状态的变化。因此，货品在流动的过程中往往要经历分类、集成供货单元或者将集装化的货品单元解体，这使分拣作业在物流活动中具有不可替代的重要意义。

分拣作业就是根据顾客的订货要求，迅速、准确地将货品从其储位拣取出来，并按一定方式进行分类、集中，等待配装送货的作业过程。关于分拣作业的概念，我们可以从以下几个方面进行理解：

（1）分拣作业以顾客的需求为出发点。分拣作业的动力产生于顾客的订单，拣选作业的目的就在于正确且迅速地集合顾客所订的货品。

（2）分拣作业包括拣取、分类、集中等内容。

（3）分拣作业主要为配装送货服务，属于支持性工作。分拣及配货是完善送货、支持送货的准备性工作，是不同配送企业在送货时进行竞争和提高自身经济效益的必然延伸，所以，也可以说是送货向高级形式发展的必然要求。有了分拣及配货就会大大提高送货服务水平。

分拣作业集中在仓库内部完成，是为高水平配送货品所进行的拣取、分货、配货等理货工作，是配送仓库的核心工序。跟随全球经济一体化的步伐，货品的流通在经济活动中的作用日益凸显。电子商务及连锁经营的发展，竞争的日益激烈，使得一个高效运作的物流体系往往成为企业适时生存的关键。据统计，物流成本大约占货品成本的30%，而拣选作业成本占配送中心总成本的15%~20%。从人力需求角度来看，目前绝大多数的配送中心仍属于劳动密集型产业，其中拣选作业直接相关的人力，更是占50%以上，且拣选作业时间占整个配送中心作业时间的比例为30%～40%。由此可见，合理的拣选作业方法、合适的拣选设备、分拣作业系统的合理规划等对配送中心运作效率的高低具有决定性的影响。

1.2 分拣作业的流程

1.2.1 分拣作业的一般流程

分拣作业的一般流程如图1－1所示。它涵盖了两种分拣方式，其中下部流程为按单分拣作业流程，上部流程为批量分拣流程。不管采用哪种分拣方法，前期都包括从仓库或保管货架内进行分拣的环节，分拣完毕后大部分货品都需要检验，确保无误后再发货。

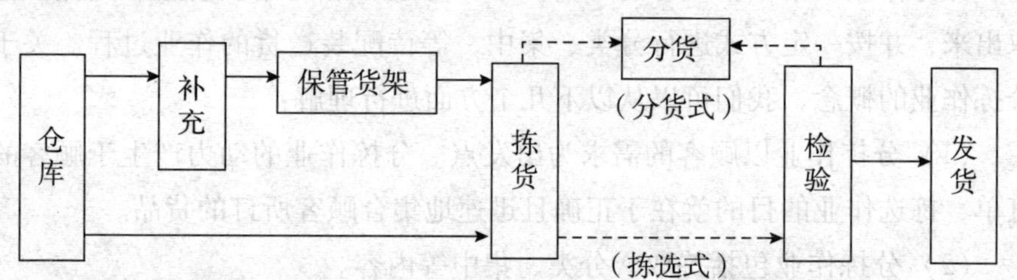

图1－1 分拣作业的一般流程

分拣方式通常有两种，即按单分拣（摘果式拣选）和批量分拣（播种式拣选）。一般批量分拣，从货架上取货、分拣完毕为一次操作，之后还要对货品进行分类作业（分货作业），即为二次分拣作业。这种方式分拣的人力虽可减少，但其后的分货作业又增加了人力，因此，省人力效果不大。过去为了提高出库准确性（分拣总量－分货总量＝0），这种方法使用较多。近年来客户需求品种越来越多，为提高效率、解决劳动力不足的问题，各种效率更高的按单分拣方式被开发出来，例如，分拣指示系统、分拣小车等，对小批量的客户也可以高效、准确地出库，因此按品种的分拣方式的应用就逐渐减少了。

1.2.2 分拣作业的过程

分拣指为进行输送、配送，把货品按不同品种、不同的地点和单位分配到所设置场地的作业，是仓储配送中心作业的核心环节。从实际运作过程来看，分拣作业是在拣选信息的指导下，通过行走搬运、拣取货品，再按一定的方式将货品分类、集中，因此，分拣作业的过程由4个环节组成，分别是产生拣选资料、行走搬运、拣取和分类集中。分拣作业的主要过程包括4个环节，如图1-2所示。

图1-2 分拣作业的主要环节

1. 产生拣选资料

分拣作业必须在拣选信息的指导下才能完成。拣选信息来自于顾客的需求，即顾客的订单或配送中心的送货单。在实际运作中，一般存在两种方式：一种是直接利用顾客订单或公司的交货单作为人工拣选指示。此类方式存在着一些缺陷：如单据容易在分拣作业中受到污损导致错误率上升、无法标识货品的货位等。因此另一种方式应用更加广泛，即将原始的传票转换成拣选单或电子信号。随着配送中心信息化水平的提高，目前大多数配送中心的分拣作业都是根据订单处理系统输出的拣选单，指导拣选人员或自动拣取设备进行拣选作业，以提高作业效率和作业准确性。

2. 行走搬运

分拣作业的完成是建立在分拣作业人员或机器直接接触并拿取货品对其进行操作的基础上，因此必然需要拣选过程中分拣人员的行走与货品的搬运。在分拣运作过程中，可以通过以下几种方式实现：

（1）人至物方式。这种方式是指分拣人员通过步行或搭乘电梯，分拣车辆到达货品储存位置的方式。该方式的特点是被拣取货品采取一般的静态储存方式，如托盘货架、轻型货架等，主要通过分拣人员的行走完成与货品的直接接触并完成分拣作业。

（2）物至人方式。与人至物方式相反，物至人方式主要移动的一方为被拣取的货品，需要采用动态方式储存，如负载自动仓储系统、旋转自动仓储系统等。分拣人员只在固定位置内作业，无须去寻找货品的储存位置。

（3）无人拣取方式。这种方式拣取的动作由自动的机械负责，电子信息输入后自动完成分拣作业，无须人手介入。这是目前国外在分拣设备研究上致力的方向，目前还未实现。

无论采取哪种方式，缩短行走和货品搬运距离是提高仓库与配送中心作业效率的关键。

3. 拣取

克服被拣选物与分拣人员之间的距离问题后，下一环节就是抓取货品并确认。首先，将被拣选物的品名、规格、数量等内容与拣选信息作比较，以确定是否一致。在实际作业中，既可以通过人工目视读取信息，也可以利用无线传输终端机读取条码由计算机进行对比，后一种方式往往可以大幅度降低拣选的错误率。其次，拣选信息被确认后，由人工或自动化设备完成拣取的过程。通常，小批量、搬运重量在人力范围内，且出货频率不是特别高时，可以采取手工方式拣取；对于批量大、重量大的货品可以利用搬运机械辅助作业；对于出货频率很高的应采用自动分拣系统。

4. 分类集中

拣取后的货品往往还需要进行分类与集中。例如，在批量分拣的情况下，对拣取出的货品需要根据不同的订单或送货路线分类集中；对于需要进行流通加工的货品需要根据加工方法进行分类，加工完毕再按一定方式集中出货。货品分类过程如图 1－3 所示。

多品种分货的工艺过程较复杂，难度也大，容易发生错误，必须在统筹安排形成规模效应的基础上，提高作业的效率与准确率。在物品体积小、重量轻的情况下，可以采取人力分货；在货品体积大、重量大的情况下可采用机械辅助作业，或利用自动分货机自动将拣取出来的货品进行分类与集中。分类完成后，货品经过查对、包装便可以出货、装运、送货了。

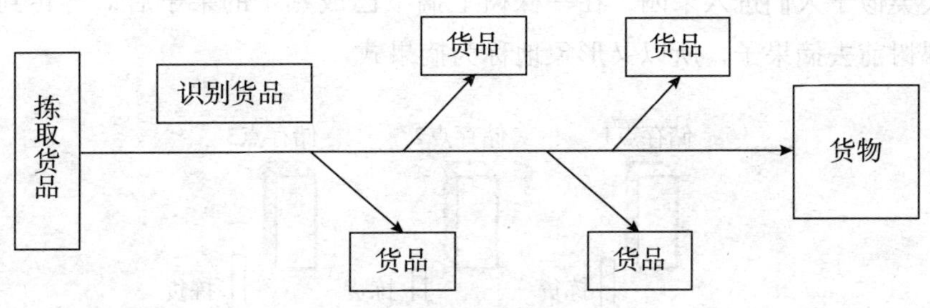

图 1－3　货品分类过程

我们可以将分拣作业所需要的时间根据分拣作业过程分为以下 4 部分：

（1）对订单或送货单进行信息处理并形成拣选指示信息的时间。

（2）分拣人员行走搬运货品的时间。

（3）准确找到货品的储位并确认所拣选物及其数量的时间。

（4）拣取完毕，将货品分类集中的时间。

因此，提高分拣作业效率的关键之一是尽可能缩短以上 4 部分的作业时间，从而提高作业速度与作业能力。此外，防止分拣错误的发生，提高配送中心内部储存管理账物相符率以及顾客满意度，降低作业成本也是分拣作业管理的目标。

1.3　分拣作业方法

在分拣作业的一般流程介绍中，我们已经简单说明分拣作业方法主要分为两种：按单分拣和批量分拣。

1.3.1　按单分拣作业

1. 按单分拣的作业原理

在按单分拣作业中，每一张订单的信息作为一次拣选的指示信息，拣选人员或拣选工具巡回于各个储存点，按订单所要求的物品和数量进行拣取，直到将整张订单中所需要的货品全部配备齐全，如图 1－4 所示。这种方式类似于人们进入果园，在一棵树上摘下已成熟了的果子后，再转到另一棵树前去摘果子，所以又形象地称为摘果式。

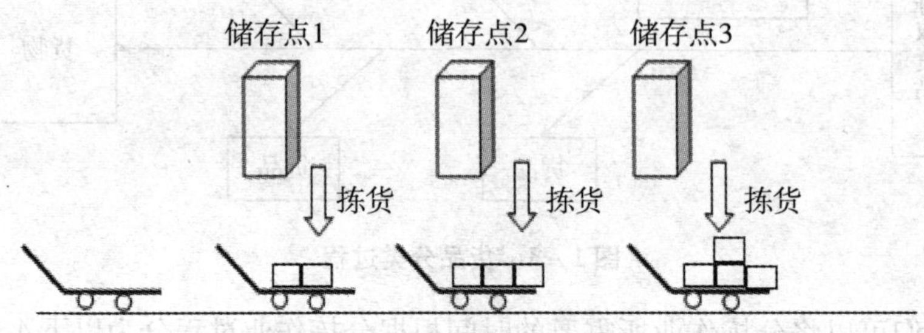

图1－4　按单分拣的作业原理

2. 按单分拣的特点

（1）在按单分拣中，不需合并拣选信息，不必对拣取的货品重新按照订单分类并集中，因此流程较为简单，易于实施，而且不易出错，配货准确度较高。

（2）各客户的订单互不影响，根据客户的要求易于调整配货先后次序，灵活性较高，对于紧急订单可以进行插单，集中力量快速拣取。

（3）一张订单拣取完毕后，货品便配置齐备，配货作业与拣选作业同时完成，因此货品可以不再落地暂存，直接装上配送车辆，有利于简化工序，提高作业效率。

（4）用户数量不受限制，可在较大范围内波动，拣选作业人员数量也可随时调整，作业高峰时可临时增加作业人员，有利于开展即时配送，提高服务水平。

（5）对机械化、自动化没有严格要求，不受设备水平限制。

3. 按单分拣的适用范围

根据按单分拣的原理和特点，以下情况比较适用此方式。

（1）用户需求不稳定、波动较大。

（2）用户之间需求差异较大，配送时间要求不一。

（3）多品种、小批量需求订单。

1.3.2 批量分拣作业

1. 批量分拣的作业原理

在批量分拣作业中，首先需要对客户订单中的共同需求进行统计整理，形成整合后的拣取信息，由分货人员或分货工具根据拣取信息从储存点集中取出各个用户共同需要的某种货品，然后巡回于各用户的货位之间，按每个用户的需求量分放后，再集中取出共同需要的第二种货品，再进行分放。如此反复进行，直至用户需要的所有货品都分放完毕，即完成各个用户的配货工作。这种作业方式，类似于农民在土地上播种，一次取出几亩地所需的种子，在地上巡回播撒，所以又形象地称为播种式或播撒式，如图 1－5 所示。

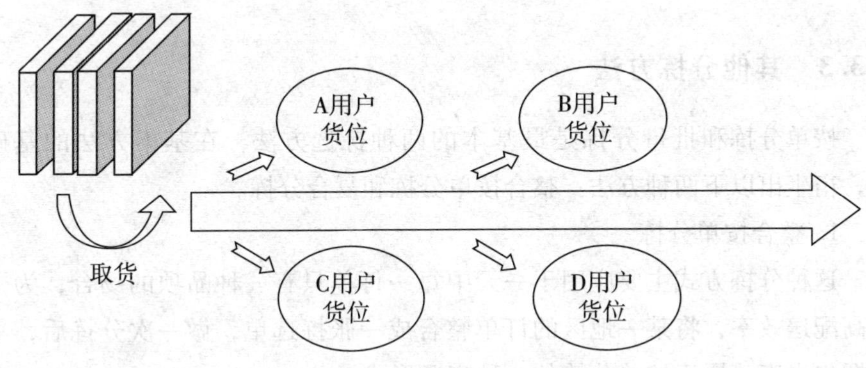

图 1－5 批量分拣的作业原理

2. 批量分拣的特点

（1）与按单分拣相比可以更好地发挥规模效益。首先，由于批量分拣是集中取出几个客户共同需求的货品，因此可以达到规模拣取的效益，减少拣选人员的行走距离或分拣设备的搬移；其次，批量分拣是各用户的配送请求同时完成，可同时开始对各个用户所需货品进行配送，因此有利于车辆的合理化调配和规划配送线路。

（2）流程复杂，错误率相对较高。相对于按单分拣，批量分拣增加了统计分析订单信息、安排各用户的分货货位、将集中取出的货品按货品货位分放等流程，因此，这种工艺难度较高、计划性较强，与按单分拣相比错误率较高。

（3）灵活性较差，存在停滞时间。批量分拣运作中，必须等待订单达到一定数量才做一次处理，因此存在一定的停滞时间，对到来的订单无法作出及时反应，只有根据订单到达的状况作等候分析，决定出适当的批量大小，才能将停滞时间减至最低。另外，对于紧急订单，很难插入到正在进行的拣取运作中，不能灵活地调整配货的先后次序。

3. 批量分拣的适用范围

（1）用户需求比较稳定、波动较小。

（2）用户需求种类较少，且大批量订货的情况。

（3）订单的重复订购率较高，配送时间要求不严格。

1.3.3　其他分拣方法

按单分拣和批量分拣是最基本的两种拣选方法，在基本方法的基础上，衍生出以下两种方法：整合按单分拣和复合分拣。

1. 整合按单分拣

这种分拣方式主要应用于一天中每一订单只有一种品项的场合，为了提高配送效率，将某一地区的订单整合成一张拣选单，做一次分拣后，集中捆包出库，属于按单分拣的一种变通形式。

2. 复合分拣

复合分拣是一种更为灵活的拣取方式，是对按单分拣与批量分拣的组合运用，根据订单品项、数量和出库频率决定哪些订单适合按单分拣，哪些适合批量分拣。这种拣选方式可以更充分地发挥各种分拣方式的优点，避免其不足。

几种分拣方式的比较，如表 1－1 所示。

表1－1　几种分拣方式的比较

方　法	优　点	缺　点	适用范围
按单分拣	• 作业方法简单 • 订货前置时间短 • 作业弹性大 • 作业员责任明确，作业容易组织 • 分拣后不必再进行分类作业	• 货品品种多时，分拣行走路径加长，分拣效率降低 • 分拣必须有货架货位编号	• 适合多品种、小批量订单的场合
批量分拣	• 合计后拣选，可发挥规模效益 • 盘亏较少	• 所有种类实施困难 • 流程复杂 • 必须全部作业完成后，才能发货	• 适合少品种批量出货，且订单的重复订购率较高的场合
整合按单分拣			• 一天中每一订单只有一种品项的场合
复合分拣			• 订单密集且订单量大的场合

1.4　分拣作业的分类及原理

配送中心和物流中心分拣作业的方法随着科学技术的发展也在不断地演变，分拣作业的种类也越来越多。分拣方式可以从以下不同的角度进行分类，如图1－6所示。

（1）按订单组合，可以分为按单分拣和批量分拣。

（2）按人员组合，可以分为单独分拣方式（一人一件式）和接力分拣式（分区按单分拣）。

（3）按运动方式，可以分为人到货前分拣和货到人前分拣等。

（4）按分拣信息，可以分为传票分拣、拣选单分拣、标签分拣、电子标签分拣、RF 分拣、自动分拣等。

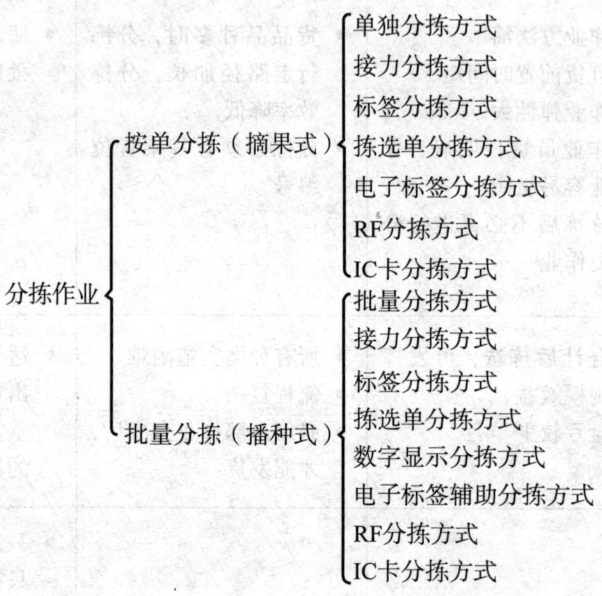

图 1－6　分拣作业的分类

1.4.1　按订单组合分类

按单分拣即按订单进行分拣，分拣完一个订单后，再分拣下一个订单；批量分拣方式是将数张订单加以合并，一次进行分拣，最后根据各个订单的要求再进行分货。

1.4.2　按人员组合分类

单独分拣方式即一人持一张取货单进入分拣区分拣选物，直至将取货单中内容完成为止；接力分拣式（分区按单分拣）是将分拣区分为若干个区，由若干名作业者分别操作，每个作业者只负责本区货品的分拣，携带一张订单的分拣小车依次在各区巡回，各区作业者按订单的要求分拣本区段存放的货品，一个区域分拣完移至下一区段，直至将订单中所列货品全部分拣完。

1.4.3 按运动方式分类

传统的分拣系统的基本构成有 3 个元素：分拣选架、集货点（集货货架）、分拣人员。将其中一个元素静止不动，再和其他两个元素组合；或将其中两个元素静止不动，与另外一个元素组合，我们可以得出 6 种不同的分拣方法，即“人到货”分拣方法、分布式的“人到货”分拣方法、活动的“人到货”分拣方法、“货到人”的分拣方法、闭环“货到人”分拣方法和分拣选架与集货点合一的分拣方法。本节图示中的 A 均表示空托盘，B 均表示储货货架，K 均表示分拣人员。下面将分拣方法分为 3 大类，加以说明。

1. 人到物前分拣

人到物前分拣即人（或人乘分拣车）到储存区寻找并取出所需要分拣的货品。人到物前分拣的拣选设备包括以下两类：①存储设备有托盘货架、轻型货架、橱柜、流动货架、高程货架等。②搬运设备包括动力拣选台车、动力牵引车、叉车、拣选车、拣选式堆垛机、无动力输送机、计算机辅助拣选。

人到物前分拣可分为以下 3 种：

(1)“人到货”分拣方法。这是一种传统的分拣方法。在分拣系统的基本构成要素中，分拣选架静止不动，即货品不运动，通过人力移动完成货品的拣选。具体操作是分拣选架静止，分拣人员带着流动的集货货架或容器移动到分拣选架，即在拣选区完成拣选，然后将货品送到静止的集货点，如图 1－7 所示。

这种作业系统的优点是构成简单、柔性化程度高，不需要机械设备和计算机支持，但也有较大的不足，不仅需要较大的作业面积，而且补货困难，对拣货人员来说劳动强度高。因此，确定最佳的拣选路径对于“人到货”拣选方式非常重要。

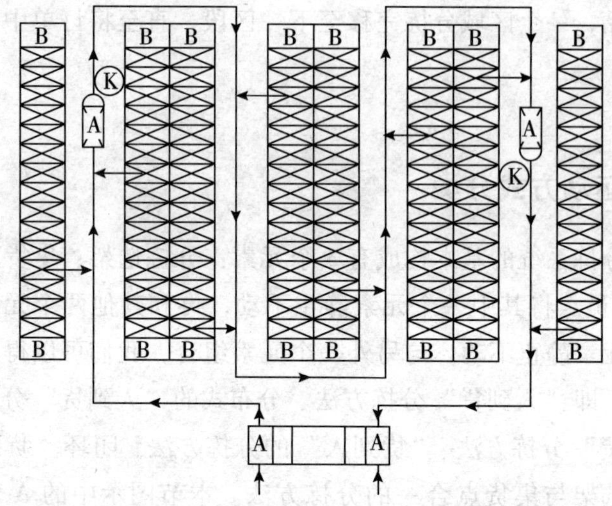

图 1－7　“人到货”分拣方法

通常，对“人到货”的拣选方式，最短路径的确定可通过运筹学的方法加以解决。如果每个订单的最短拣选路径的确定都要通过计算机运算，这对于实时系统来说是不切实际的，因此，在实际运作中经常使用近似的方法。

（2）分布式的“人到货”分拣方法。这种分拣作业系统的分拣选架也是静止不动，但分货作业区被输送机分开，即输送机处于中间位置，分货作业区分布于输送机两侧，如图 1－8 所示。这种分拣方法也简称为“货到皮带”法。

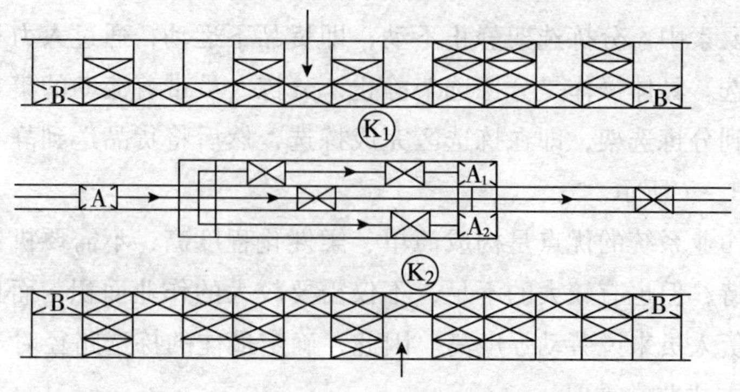

图 1－8　分布式的“人到货”分拣方法

这种分拣方式要求拣货人员到拣选区完成货品的拣取，然后送到输送机（集货点），或用载物器具集中后送到输送机（集货点），由输送机送到集货中心。因有输送机的帮助，分拣人员的行走距离短、劳动强度低、拣选的效率高，每小时每人可分拣1000件货品。但输送机将拣选作业区分成两个部分，在分拣任务不是均匀分布在两边的货架时，不能调节两旁分拣人员的工作节奏，同时也造成系统的柔性差、补货困难、所需的作业面积变大等现象的发生。

（3）活动的“人到货”分拣方法。这种分拣方法是分拣人员（或分拣机器人、高架堆垛机）带着集货容器（集货点）在搬运机械的帮助下，按照拣选单的要求，到分拣选架拣选，当拣选任务完成或集货容器装满后，到集货点卸下所拣选物。

由于此系统一般是由机器人进行拣选，因此大大降低了分拣人员的劳动强度。其缺点是机器人取物装置的柔性较差，不能同时满足箱状货品、球状货品、柱状货品的拣取，这也就限制了它的应用。在出库频率很高且货种单一的场合较适用这种系统

2. 货到人前分拣

货到人前分拣是将货品移动到人或分拣机旁，由人或分拣机分拣出所需的货品。物到人前分拣的拣选设备自动化水平较高，其存储设备本身具有动力，可称为动态储存设备。储存设备包括单元自动仓储系统、小件自动仓储系统、水平旋转自动货架、垂直旋运自动货架、梭式小车式自动仓储系统。搬运设备主要有堆垛机、动力输送带和无人搬运车。

货到人前分拣可分为以下两种：

（1）“货到人”的分拣方法。这种作业方法的拣选设备自动化水平较高，在作业过程中分拣人员不需要移动，通过动态储存设备以及搬运设备将货品送到分拣人员面前，再由不同的分拣人员拣选，拣出的货品集中在集货点的托盘上，然后由搬运车辆送走，如图1-9所示。

采用这种方法，分拣人员不用行走，分拣效率较高、工作面积紧凑、补货容易、空箱和空托盘的清理也容易进行，也可以优化分拣人员的工作条件和环境。不足之处在于投资大、分拣周期长。

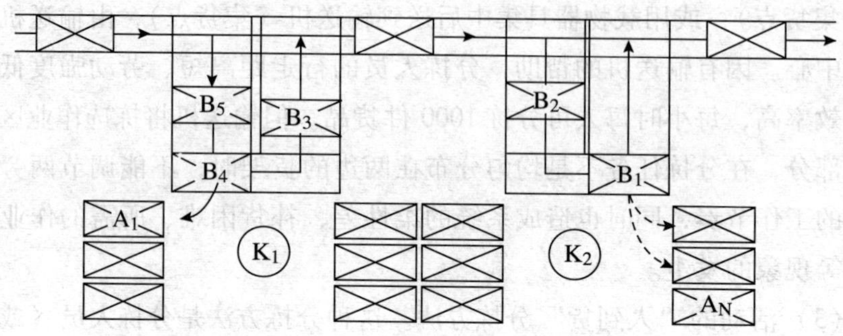

图1－9 “货到人”的分拣方法

（2）闭环“货到人”的分拣方法。闭环“货到人”的分拣方法中载货托盘（即集货点）总是被有序地放在地上或搁架上，处在固定位置。输送机将分拣选架（或托盘）送到集货区，拣选人员根据拣选单分拣货架中的货品，放到载货托盘上，然后移动分拣选架，再由其他的分拣人员拣选，最后通过另一条输送机，将拣空后的分拣选架（拣选货架）送回，如图1－10所示。

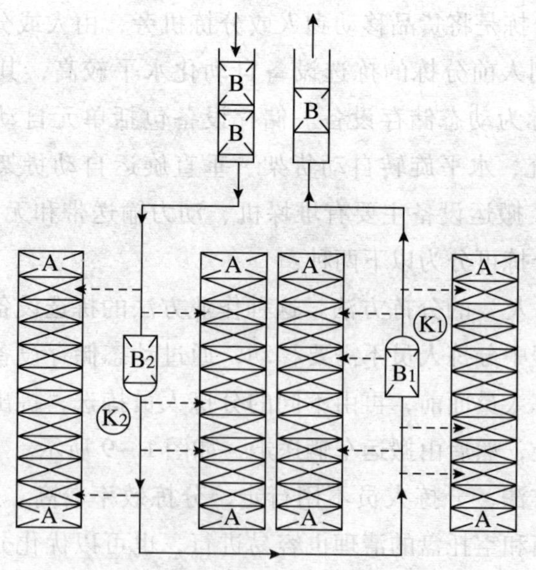

图1－10 闭环“货到人”的分拣方法

这种方法的优点在于：拣选路径短、拣选效率高、系统柔性好、空箱和无货托盘的清理容易、所需作业面积小、劳动组织简单。其缺点有：为了解决分拣选架的出货和返回问题，仓库、输送机和控制系统的投资大、因顺序作业，造成作业时间长等。

提高这种系统效率的关键，是要通过解决大规模分拣任务的批处理问题，减少移动的分拣选架的数量，缩短分拣作业的时间。

3．分拣选架与集货点合一的分拣方法

这种分拣方法是分拣选架与集货货架一起运动，来到分拣人员（或分拣机）前，进行分拣的方式。这种方法仅是一种基于理论的构想，因控制和输送技术上的原因，在实际上并不可行。

拣选时，无论采用何种方法，拣选作业人员或机器必须接触并拣取货品。因此，形成了拣选过程中的人员行走或货品的运动。缩短人员或设备行走及货品的运动距离成为提高分拣作业效率的关键。

以上各种分拣方法是以人为中心，采用的是人工分拣方式。人工分拣不仅效率低、费劳动力，而且拣错率很高。为了提高分拣效率和准确率，提高仓储的服务水平，缩短分拣时间，必须采用自动化的分拣系统。

1.4.4 按分拣信息分类

无论人员还是机械拣取货品，首先都必须确认被拣选货品的品名、规格、数量等内容是否与分拣信息传递的指示一致。只有在拣选信息被确认后，拣取过程才能真正开始，并由人工或自动化设备完成。

通常，在出货频率不是很高且货品的体积小、批量少、搬运的重量在人力范围所及的情况下，可采用纯人工拣取方式；对于高价位或出库频率很高的货品则往往需要电子辅助分拣，如电子标签辅助、RF 辅助，甚至采用自动分拣的方式。不同的方式需要不同的方式传递拣选信息，根据不同的拣选信息，可将分拣方式分为传票拣选、拣选单分拣、标签分拣、电子标签分拣、RF 分拣、自动分拣等。

1.5 分拣方式的确定

1.5.1 拣选信息

拣选信息是拣选作业的源动力，其主要作用是引导拣选人员或拣选设备查找货位、拣取和搬运货品，并按一定的方式将货品分类、集中。拣选信息的源头来自客户的订单，是对顾客的订单要求进行加工后产生的。为了使拣选人员在既定的拣选方式下准确而迅速地完成拣选，拣选信息成为拣选作业中重要的一环。拣选信息主要由以下 3 部分构成，如表 1－2 所示。

表 1－2　　拣选信息的构成

基本部分	主要部分	附加部分
• 货品的品名、规格、数量 • 订单要求的货品总量 • 货品发送单元要求	• 货品储位 • 拣选集中地 • 储备货品的补货量 • 储备货品的储存 • 补货登记	• 货品的价格、代码和标签 • 货品的包装 • 发送单元的可靠性 • 要求发送货品单元的代码和标签

拣选信息来自于客户订单，但并不以纯粹的订单形式表现。以下是拣选信息传递的主要方式。

1. 传票拣选

传票拣选是最原始的拣选方式，直接利用客户的订单或公司的交货单作为拣选指示。传票拣选只适用于按单拣的方法，拣选人员通过浏览订单或交货单中的品名进行货品的寻找。这种分拣方式通常没有按照货位编号加以重新排序，分拣员来回多次行走才可拣足一张订单。传票拣选的特点如表 1－3 所示。

表 1－3　传票拣选的特点及适用范围

传票拣选	
优　点	无须利用计算机等处理设备处理拣选信息
缺　点	①此类传票容易在拣选过程中受到污损，或因存货不足、缺货等注释直接写在传票上，导致作业过程中发生错误或无法判别确认 ②未标识产品的货位，必须靠拣选人员的记忆在储区（货架）中寻找存货位置，更不能引导拣选人员缩短拣选路径 ③无法运用拣选策略提升拣选效率
适用范围	适用于订购品项数少或少量订单情况

2. 拣选单分拣

拣选单分拣是目前最常用的拣选方式，将原始的客户订单输入计算机后进行拣选信息处理，形成拣选单，打印出来供拣选人员使用。信息系统会对订单中的货品按照货位编码重新编号，根据货位的拣选顺序进行打印，从而使不识别货品的新手也能按照货位编码进行拣选，并且根据拣选顺序，可以让拣选人员来回一趟就可拣足一张订单，减少行走距离，提高拣选效率。表 1－4 为一张示例拣选单。

表 1－4　拣选单示例

订单单号	分拣员		序　号	
客户代号	客户名称		日　期	
No.	货位号码	品　名	数　量	备　注

根据拣选单分拣时，拣选人员将一种货品放入搬运器具内，同时会在拣选单上作记号，然后根据拣选单的顺序再执行下一种货品的拣选。

通常，拣选单是根据拣选的作业区和拣选单位分别打印的，例如，整盘拣选（P－P）、整箱拣选（P－C）、拆箱拣选（C－B）或（B－B）等的拣选单分别打印、分别拣选，然后在出货暂存区集货等待出货。这是一种最经济的拣选方式，但必须配合货位管理才能发挥效果，拣选精度也能大大提高，分拣精度可达0.5%左右。拣选单分拣的特点如表1－5所示。

表1－5　　拣选单分拣的特点

	拣选单分拣
优　点	①避免传票在分拣过程中受到污损，在检验过程中使用原始传票查对，可以修正拣选作业中发生的错误 ②可在拣选单中作任意记号，从而提高拣选的准确率 ③拣选单上列明产品的货位，同时可以按到达先后顺序排列货位编号，引导分拣人员按最短路径分拣，提高效率 ④可充分配合分区、订单分割、订单分批等拣选策略，提升拣选效率
缺　点	①增加了拣选单的生成工作，需要耗费一定的人力和时间 ②拣选完成后仍需经过货品检验过程，以确保其正确无误
适用范围	适用于订购项数多或订量大的情况

3. 拣选标签

目前，已有很多企业在货品分拣中，由拣选标签取代了拣选单。拣选标签传达的信息比拣选单更为具体和详细，具有更好的针对性。拣选标签的数量与分拣量（箱数或件数）相等，在分拣的同时将标签贴在每箱（件）物品上以便确认数量。

拣选标签的原理如下：接单后经过计算机的信息处理，按照货位的拣选顺序依次打印拣选标签，每箱（件）货品对应一张标签，即标签张数与订购数一致，拣选人员根据拣选标签上的顺序拣选，拣选时将标签贴在相应的货品上，然后放入拣选容器中，当标签贴完了代表该项货品也已经拣选完毕。

拣选标签是一种既简单又可以防错的拣选方式，主要被应用在高单价的货品拣选上，可以应用在商店别拣选及选品别拣选上，其中单货品别拣选的应用较多，因为可以利用标签上的条码来自动分类，效率非常高。

应用在整箱拣选和单品拣选上的标签内容不一样。

（1）单品拣选标签。单品拣选标签上的内容一般包括品号、品名、订单号、客户名称等，如图1－11所示。

品号：1000300111 品名：×××××××× 订单号码：090801 客户名称：×××××× 订单箱数/箱号：10/01	品号：1000300111 品名：XXXXXXXX 订单号码：090801 客户名称：XXXXXX 订单箱数/箱号：10/01

图1－11 单品拣选标签

（2）整箱拣选标签。整箱拣选的标签除了单品拣选标签上的内容外，还包括客户地址及配送线路等，如图1－12所示。

品号：1000300111 品名：XXXXXXXX 订单号码：090801 客户名称：XXXXXX 客户地址：XXXXXXXXXXXX 配送路线： 订单箱数/箱号：10/01	品号：1000300111 品名：XXXXXXXX 订单号码：090801 客户名称：XXXXXX 客户地址：XXXXXXXXXXXX 配送路线： 订单箱数/箱号：10/01

图1－12　整箱拣选标签

因此整箱拣选的标签可以直接当出货标签使用，必要时也可以增加条码的打印，以提高作业效率。而单品拣选之后大部分都必须装入纸箱或塑料箱中，因此必须增加出货标签、客户地址和配送线路的资料，并打印在出货标签上。标签分拣的特点如表1－6所示。

表1－6　　标签分拣的特点及适用范围

	标签分拣
优　点	①在分拣时清点分拣数量，确认数量无误后将标签直接贴到物品上，使两者立即建立了一种对应关系，可以提高拣选的正确性（若分拣未完时标签即贴完，或分拣完成但标签仍有剩余，则表示分拣过程有错误发生） ②使分拣与贴标签的动作相结合，减少了流通加工作业与往复搬运核查的动作，缩短整体的作业时间

续 表

标签分拣	
缺 点	①如要同时打印出价格标签，必须统一下游客户的货品价格和标签形式 ②操作环节比较复杂，拣选费用高
适用范围	适合高价位的货品以及单品拣选

4. 电子标签辅助分拣

电子标签辅助分拣是一种计算机辅助的无纸化的拣选系统，其原理是：在每一个货位上安装数字显示器，利用计算机的控制将订单信息传输到数字显示器内，拣选人员根据数字显示器所显示的数字信息拣选，拣完货之后按确认钮即完成拣选工作。这种拣选方式也叫做电子标签分拣。

电子标签设备包括电子标签货架、信息传送器、计算机辅助拣选台车、条码、无线通信设备等，这种拣选技术 1977 年由美国开发而成，是配送中心常用的一种拣选方式。在这种拣选方式中，电子标签取代拣选单，形成很好的人机界面，计算机负责烦琐的拣选顺序的规划与记忆，其拣选信息显示货架上，拣选人员只需依照计算机指示执行拣选作业。具体表现是，电子标签上有一小灯，灯亮表示该货位的货品是待拣选品，电子标签中间有多个字元的液晶，可显示拣选数量。拣选人员在货架通道内行走，看到灯亮的电子标签就停下在该货位按显示数字来拣取货品所需的数量。电子标签分拣的特点如表 1－7 所示。

表 1－7　　　　电子标签分拣的特点及适用范围

电子标签分拣	
优 点	①沿特定拣选路径，按电子标签显示信息拣选，不容易出错，拣选错误率只有 0.01% ②拣选人员无须来回寻找待拣选品，拣选速度可提高 30% ～50%，拣选能力为 500 件/小时 ③拣选方法简单，对拣选人员的要求较低，使不识别货品的生手也能拣选

续 表

电子标签分拣	
缺 点	①需要对电子标签设备进行一定的投资 ②拣选费用较高
适用范围	①适合货品品项少的情况 ②ABC 分类中的 AB 类货品的拣选

电子标签根据其功能可以分为传统电子标签和智慧型电子标签。传统电子标签只能显示分拣数量，而智慧型电子标签可显示价格、标签编号、货位编号、分拣数量、台车车号与台车格位等分拣信息。智慧型电子标签是在传统电子标签的基础上发展起来的，其功能更加完善。其主要功能特点包括以下几方面：①一个电子标签可对应一个货位或多个货位。②指示一个分拣员进行单一订单分拣。③指示一个分拣员进行多张订单分拣。④指示多个分拣员进行单一订单分拣。⑤指示多个分拣员进行多张订单分拣。⑥指示分拣路径。⑦立即更正分拣错误。⑧指示库存盘点。⑨指示贴标签作业。⑩显示标签编号。

因智慧型电子标签可提供上述 10 项功能，故能适合各种分拣频率和分拣作业模式。

智慧型电子标签具备较多的功能与优点，两者的比较如表 1 -8 所示。

表 1 -8　　智慧型电子标签与传统电子标签的功能比较

功能说明	智慧型电子标签	传统电子标签
显示方式	四位字母，可显示文字、数字及符号	四位字母，仅能显示数字
对应货位	一个或多个货位	一个货位
对应货品	一个标签对一种或多种	一个标签对一种
货位动态分割	可	不可
移动路线指示	有	无
拣错防止	有	无
多订单分拣	可	不可

续 表

功能说明	智慧型电子标签	传统电子标签
多人分拣指示	可	不可
店号指示	可	不可，需加上店号指示器
盘点作业	可	有些可以
分拣方式	直觉式	直觉式
导引指示	高亮度、大直径 LED	一般灯泡
分拣指示	高亮度、点矩阵 LED	数字型 LED
可靠度	佳	佳
作业扩充弹性	佳	困难
配线方式	简单	复杂
维修方式	简单	稍难

5. RF 辅助拣选

RF 也是一种电脑辅助的分拣方式，通过无线式终端机，显示拣选信息，比电子标签更具作业弹性，不过价格高于电子标签。其原理是：利用掌上计算机终端、条码扫描器及 RF 无线控制装置，将订单资料由计算机主机传输到掌上终端，拣选人员根据掌上终端所指示的货位，扫描货品上的条码，如果与计算机的拣选资料不一致，掌上终端就会发出警告，直到找到正确的货品货位为止；如与计算机的拣选资料一致就会显示拣选数量，根据所显示的拣选数量拣选，拣选完成后按确认按钮即完成拣选作业；分拣信息利用 RF 传回计算机主机同时将库存数据扣除更新。它也是一种无纸化的分拣系统，也是即时的处理系统。

此种拣选方式可以利用在按单分拣和批量分拣方式中，因为成本低且作业弹性大，尤其适合于货品品项很多的场合，故常被应用在多品种、少批量订单的拣选上，与拣选台车搭配最为常见。其拣选作业能力为 300 件/小时，错误率约为 0.01%。RF 辅助拣选的特点如表 1－9所示。

表 1－9　RF 辅助拣选的特点及适用范围

	RF 辅助拣选
优　点	①通过无线式终端机显示拣选信息，且即时比对条码信息，分拣错误率为 0.01% 左右，拣选的前置时间为 1 小时左右 ②拣选速度较快，拣选能力为 300 件/小时 ③拣选方法简单，对拣选人员的要求较低，使不识别货品的生手也能拣选
缺　点	①因 RF 的显示不如电子标签简单，致使分拣员的直觉反应较差 ②其价格高于电子标签
适用范围	①适合于以托盘为拣选单位，并采用叉车进行辅助拣选 ②适用于货品品项很多的场合

6. IC 卡分拣

IC 卡分拣也是一种电脑辅助的分拣方式。其原理是：利用计算机及条码扫描器之组合，将订单资料由计算机主机拷贝到 IC 卡上，拣选人员将 IC 卡插入计算机，根据计算机上所指示的货位，刷取货位上的条码，如果与计算机的拣选资料不一致掌上终端会发出警告，直到找到正确的货品货位为止，如与计算机的拣选资料一致时就会显示拣选数量，根据所显示的拣选数量拣选，拣选完成之后按确定按钮即完成拣选工作。分拣信息利用 IC 卡传回电脑主机，同时将料账扣除。IC 卡分拣成本低且作业弹性大。大体与 RF 同效率。

7. 自动拣选

拣选动作由自动的机械负责，电子信息输入后自动完成拣选作业，无须人手介入。自动拣选方式有 A 形拣选系统、旋转仓储系统、立体式自动仓储系统等多种形式。

A 形自动分拣系统类似于自动售货机，有一长排的 A 形货架。货架的两侧有多个货位，每个货位储放一种货品，每个货位下方有一分拣机械。A 形货架的中间有一输送带，输送带末端连接装货的容器。当联机电脑将分拣信息传入时，欲拣选物的货位分拣机械被启动，推出所需数量的货品至输送带。输送带的货品被送至末端，掉落至装货容器。

旋转仓储系统内有多个货位，每个货位放置一种货品。当联机电脑将分拣信息传入时，欲拣选物的货位被旋转至前端的窗口，方便分拣员拣取。旋转仓储系统可省去货品的寻找与搬运，但仍需拣取动作；加上旋转整个货架动力消耗大、故障率高，只适合于轻巧的零配件仓库。

立体式自动仓储系统有多排并列的储存货架。因货架不需旋转，故可向上立体化，增加储存空间。货品的存取端设多台自动存取机。当联机电脑将分拣信息传入时，自动存取机移至指定货位，拿取或存放货品。通常立体式自动仓储系统采用单位负载的存取方式，比较适合“以托盘或容器为拣取单位”的拣取方式。自动拣选的特点总结如表 1-10 所示。

表 1-10　　自动拣选的特点及适用范围

自动拣选	
优　点	①自动分拣方式是无人分拣，不需要分拣人员 ②拣选速度较快，生产效率非常高 ③分拣错误率非常低
缺　点	①设备成本非常高 ②其价格高于电子标签
适用范围	利用在高价值、出货量大、出货量频繁的 A 类货品上

1.5.2　分拣策略

通过上文可知，物流中心或配送中心的分拣作业方法不断演变，针对不同的分拣作业方法，相应拣选设备配置、布局也有所不同，入货、储存、补货、出货等作业流程也会随之调整。物流配送中心系统成功的重要环节是系统通过采用不同的拣选策略进行组合应用，来满足客户订单在年工作时间段不同的流量、品种和订单量对系统的要求，物流中心通过对订单结构的分析，有效的配置设备能力、组织调度、综合管理，使系统可以实现灵活的柔性生产是现代物流配送中心的关键。单一的拣选策略会使拣选设备配置不具有不同拣选订单结构的灵活性，只能通过工作时间和人员的调整来完成作业，所以单一的拣选策略对应的设备布置和管理软件不能很好地适应市场需求。

拣选策略是影响拣选作业效率的重要因素。单一的拣选策略会使拣选设备的配置不具备满足不同拣选订单结构所需的灵活性，只能通过调整工作时间和人员来完成作业。所以，对不同订单需求应采取不同的拣选策略。决定拣选策略 4 个主要因素是：分区、订单分割、订单分批及分类。这 4 大类拣选策略因素可单独或联合运用，也可以不采用任何策略，直接按单分拣。

这 4 个因素相互作用可产生多种拣选策略。

1. 分区策略

分区策略是将拣选作业场地进行区域划分，按分区原则的不同，有 4 种分区方法：

（1）货品特性分区。根据货品原有的性质，将需要特别储存搬运或分离储存的货品进行区隔，以保证货品的品质在储存期间保持稳定。

（2）拣选单位分区。将拣选作业区按拣选单位划分，如箱装拣选区、单品拣选区，或是具有特殊货品特性的冷冻品拣选区等，目的是使储存单位与拣选单位分类统一，以方便分拣与搬运单元化，使分拣作业单纯化。一般拣选单位分区形成的区域范围是最大的。

（3）拣选方式分区。不同的拣选单位分区中，按拣选方法和设备的不同，又可分为若干区域，通常是按货品销售的 ABC 分类的原则，按出货量的大小和分拣次数的多少作 ABC 分类，然后选用合适的拣选设备和分拣方式。其目的是使拣选作业单纯一致，减少不必要的重复行走时间。在同一单品拣选区中，按拣选方式的不同，又可分为台车拣选区和输送机拣选区。

（4）工作分区。在相同的拣选方式下，将拣选作业场地再作划分，由一个或一组固定的拣选人员负责分拣某区域内的货品。该策略的优点是拣选人员需要记忆的存货位置和移动距离减少，拣选时间缩短，还可以配合订单分割策略，运用多组拣选人员在短时间内共同完成订单的分拣，但要注意工作平衡问题。

这种方法是指将拣选场地划分为几个区域，由专人负责各个区域的货品拣选。这种分区方法有利于拣选人员记忆货品存放的位置，熟悉货品品种，缩短拣选所需时间。

接力式分拣就是工作分区的一种形式。其订单不作分割或不分割到各工作分区，拣选人员以接力的方式来完成所有的分拣动作。这种方式效率较高，但人力消耗较大。这种方式比由一位拣选人员把一张订单所需要的物品分拣出来要有效率，但相对投入的人力较多。

以上的拣选分区可同时存在于一个配送中心内，或是单独存在。除接力式分拣外，在分区分拣完成后仍需将拣出的货品按订单加以集合。

2. 订单分割策略

当订单上订购的货品项目较多，或拣选系统要求及时快速处理时，为使其能在短时间内完成拣选处理，可将订单分成若干份子订单交由不同拣选区域同时进行拣选作业，将订单按拣选区进行分解的过程称为订单分割。要注意的是订单分割要与分区原则结合起来，才能取得较好的效果。

订单分割一般是与拣选分区相对应的，对于采取拣选分区的配送中心，其订单处理过程的第一步就是要按区域进行订单的分割，各个拣选区根据分割后的子订单进行分拣作业，各拣选区子订单拣选完成后，再进行订单的汇总。

以上分拣分区既可同时存在于一个配送中心内，又可单独存在。除接力式分拣外，在分区分拣完后仍需将拣出的货品按订单加以汇总。

3. 订单分批策略

订单分批是为了提高拣选作业效率而把多张订单集合成一批，进行批次分拣作业，其目的是缩短分拣时平均行走搬运的距离和时间。若再将每批次订单中的同一货品品项加总后分拣，然后再把货品分类给每一个顾客订单，则形成批量分拣，主要不仅缩短了分拣时平均行走搬运的距离，也减少了重复寻找货位的时间，从而使拣选效率提高。如果每批次订单数目过多，则必须耗费较多的分类时间，甚至需要有强大的自动分类系统的支持。

订单分批的原则如下：

（1）总合计量分批。合计拣选作业前所积累订单中每一货品项目的总量，再根据这一总量进行分拣以将分拣路径减至最短，同时储存区域的储存单位也可以单纯化，但需要有功能强大的分类系统来支持。这种方式适用于固定点之间的周期性配送，可以将所有的订单在中午前收集，下午作合计量分批分拣单据的打印等信息处理，第二天一早进行分拣分类等作业。

（2）时窗分批。存在紧急订单的情况下，即从订单达到至拣选完成出货所需的时间非常紧迫时，可利用此策略开启短暂而固定的时窗，如 5 分钟或 10 分钟，再将此时窗中所到达的订单做成一批，进行批量分拣。这一方式常与分区及订单分割联合运用，特别适合到达时间短而平均的订单形态，同时订购量和品相数不宜太大。图 1 - 13 为时窗分批分拣的示意图，所开时窗长度为 1 小时。

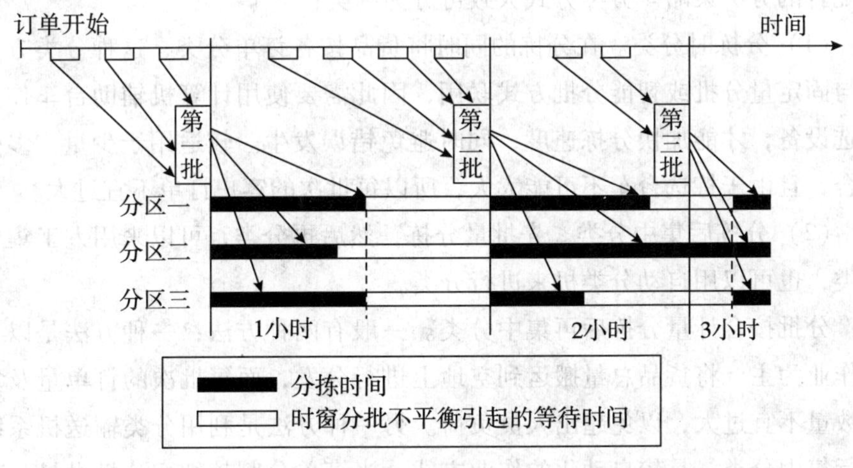

图 1 - 13　按分区时窗分批分拣

各分拣区利用时窗分批同步作业时，会因分区工作量不平衡和时窗分批分拣量不平衡而产生作业等待，如能将这些等待时间缩短，可以大大提高分拣效率。这种分批方式适合密集频繁的订单，且较能应付紧急插单的需求。

（3）固定订单量分批。订单分批按先到先处理的基本原则，当累计订单量到达设定的固定量时，再开始进行拣选作业。适合的订单形态与时窗分批类似，但这种订单分批的方式更注重维持较稳定的作业效率，而在处理的速度上较前者慢。

（4）智能型分批。智能型分批是将订单汇总后经过较复杂的电脑计算，利用计算机，将分拣路径相近的订单分成一批同时处理，可大量缩短拣选行走搬运距离。采用这种分批方式的配送中心通常将前一天的订单汇总后，经计算机处理在当天下班前产生次日的拣选单据，因此对紧急插单作业处理较为困难。

（5）其他分批处理方式。其他分批处理方式有以下 3 种情况：①按配送的地区、路线分批。②按配送的数量、车趟次、金额分批。③按货品内容、种类、特性分批等。

4．分类策略

当采用批量分拣作业方式时，拣选完成后还必须进行分类，因此需要相配合的分类策略。分类方式大致可分为两类：

（1）分拣时分类。在分拣的同时将货品按各订单分类，这种分类方式常与固定量分批或智能分批方式联用，因此需要使用计算机辅助台车作为拣选设备，才能加快分拣速度，同时避免错误发生。较适用于少量、多样场合，且由于拣选台车不可能太大，所以每批次的客户订单不宜过大。

（2）分拣后集中分类。先批量分拣，然后再分类，可以来用人工集中分类，也可以用自动分类机来进行分类。

分批按合计量分拣后再集中分类。一般有两种方法：一种方法是以人工作业为主，将货品总量搬运到空地上进行分发，而每批次的订单量及货品数量不宜过大，以免超出人员负荷。另一种方法是利用分类输送机系统进行集中分类，是较自动化的作业方式。当订单分割越细、分批批量品项越多时，常用后一种方法。后一种方式的使用率越高。

以上方法可以单独使用也可联合运用，也可以不采取任何策略，直接按订单拣选。

2 自动分拣系统

2.1 自动分拣系统概述

2.1.1 自动分拣系统的概念

进入20世纪90年代后，随着货品品种的增多与配送中心的增多，多品种、高频次、随机性的货品分拣作业得到迅速发展。出错率高、费时费力的人力分类作业，很快被自动分拣设备及其自动分拣系统替代。尤其在近年来，随着分拣技术的迅速发展，分拣系统的规模越来越大，分拣能力越来越高，应用范围也越来越广，分拣设备已成为现代仓库不可缺少的先进设备。

自动分拣系统是完成出货、配送中心拣选、分货、分放作业的现代化设备，是开展分拣、配送作业的强有力的技术保证。目前国内外出现的大容量的仓库和配送中心，几乎都配备有自动分拣系统。

自动分拣系统（Automated Sorting System，ASS）是将随机的、不同类别、不同去向的货品，按其要求自动进行分类（如按产品类别或产品目的地不同分）的一种物料搬运系统。它开始于邮政货品分拣系统，是第二次世界大战后在美国、日本的物流中心中广泛采用的一种自动化系统，该系统目前已经成为发达国家大中型物流中心不可缺少的一部分，如图2－1所示。

自动分拣是从货品进入分拣系统到送到指定的分配位置为止，都是按照人们的指令靠自动装置来完成的。这种装置是由接受分拣指示信息的控制装置、计算机网络、搬运装置（其功能是将到达分拣位置的货品搬运送到别处）、分支装置（其功能是在分拣位置对货品进行分送）、缓冲站（在

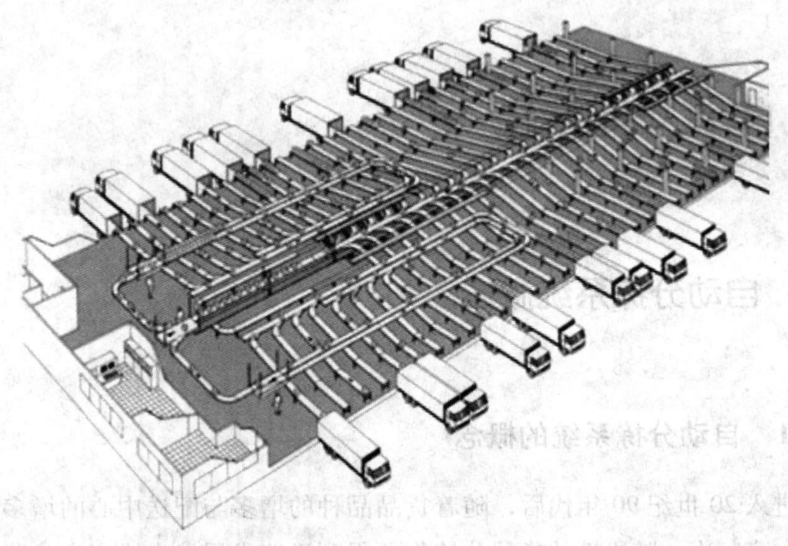

图 2－1　自动分拣系统

分拣位置临时存放货品的储存装置）等构成。上述装置构成了自动分拣系统。组成自动分拣系统的分拣设备主要是自动分拣机。除了用终端的键盘、鼠标或其他方式向控制装置输入分拣指示信息的作业外，由于全部采用自动控制作业，因此，分拣处理能力较强，分拣分类数量也较大。自动分拣系统常与大型自动化仓库连接在一起，配合自动导引车等其他物流设备组成复杂的大型系统，协同作业。

2.1.2　国内外自动分拣系统的应用现状

随着经济和生产的发展，货品趋于“短小轻薄”，流通趋于小批量、多品种和准时制（Just In Time），各类配送中心的货品分拣任务十分艰巨，分拣作业已成为一项重要的工作环节。在物流技术与设备不断发展的基础上，发达国家逐渐改变了传统的分拣方式，大量采用了各种类型的分拣系统来完成这一烦琐而又枯燥的工作。

到目前为止，按照分拣手段的不同，分拣可分为传统的分拣方式和自动分拣方式。传统的分拣方式包括人工分拣与机械分拣。

人工分拣基本上是靠人力搬运，或利用最简单的器具和手推车等把所需的货品分门别类地送到指定的地点。人工分拣方式的劳动强度大，分拣效率较低。

机械分拣也叫输送机分拣，它以机械为主要输送工具，拣选作业仍然依靠人工来完成。这种分拣方式用得最多的是输送机，有链条式输送机、传送带、辊道输送机等，其原理是利用设置在地面上的输送机传送货品，在分拣位置配备的作业人员根据货品上的标签、色标、编号等分拣标志，将符合货单要求的货品拣选出来，放到手边的简易传送带或场地上。

不论是人工分拣，还是机械分拣，都需要大量劳动力，效率较低、拣错率较高。并且，传统的分拣方式成本较高，有数据表明，物流成本约占货品最终售价的30%，其中包括配送、搬运和储存等成本。而一般拣货成本约是其他堆叠、装卸和运输等成本总和的9倍，占物流搬运成本的绝大部分。另外，拣货作业所需的时间又占物流中心作业时间的40%。

为此，要降低物流搬运成本、节省时间、提高物流中心的效率，首先应从分拣作业着手改进，将分拣作业从传统的方式转变为现代的自动分拣方式。世界各国的大型物流中心都十分注重发展先进的自动分拣技术和设备。随着科学技术的飞速发展，分拣系统中开始运用各种各样的自动化机械设备，计算机控制技术和信息技术成为信息传递和处理的重要手段。虽然在多数的分拣系统中，某些作业环节还需要有人工的参与，但作业强度已越来越小，完全由机械完成分拣作业的自动分拣系统也应运而生。机械化、自动化、智能化成为现代分拣系统的主要特点与发展趋势。

以美国、日本及欧洲为代表的发达国家和地区，在分拣系统的应用上呈现出自动化程度越来越高的特点。自动分拣系统中人员的使用仅局限于进货时的接货、系统的控制、系统的经营、管理与维护等，这恰好适应了国外企业对减少人员使用、减轻员工劳动强度、提高人员使用效率的要求，因此受到了他们的广泛重视。

自动分拣系统的规模和能力已有很大发展，目前大型分拣系统大多能分拣几十个到几百个种类的货品，分拣能力达到每小时万件以上。国外分拣系统规模都很大，主要包括进给台、信号盘、分拣机、分拣信息识别系统、设备控制系统和计算机管理系统等几大部分，还要配备外围的各种运输和装卸机械，组成一个庞大而复杂的系统。自动分拣系统大部分与自动化仓库连接起来，配合自动导引小车（AGV）、拖链小车等其他物流设备组成复杂的系统，分拣系统在总体布置上可以说千变万化。

就国外进行配送业务的行业或企业来说，自动分拣系统已被广泛应用在医药、化妆品制造等行业，如日本资生堂、花王、大木等株式会社；自动分拣机作为自动分拣系统中的关键设备，因其每小时可达6000～12000箱的高分拣效率，在日本和欧洲也得到广泛应用：日本的连锁商业（如西友、日生协、高岛屋等）和宅急便（大和、西浓、佐川等）均普遍使用自动分拣机；在日本唱片中心、CD及录像带的新出版品也利用高端的机器人自动分拣机拣货。

日本有物流专家认为，在用户需求表现为多品种、小批量的时代，物流技术的3大措施是自动分拣机、自动化仓库和无人自动导引车。自动化仓库是基本成熟的产品，无人自动导引车是发展中的产品，自动分拣机是接近成熟的产品。这可以认为是国外专家对自动分拣系统在物流技术中的地位和现状的一个较好的概括。

与整个物流业的大环境相比，我国在分拣系统和技术方面相对于发达国家还比较落后，多数配送中心和物流企业还处于人工分拣阶段。电子标签、RF技术等辅助拣选系统的生产和使用还不多，自动拣选系统更是寥寥无几。在20世纪80年代，我国最初是一些邮政局采用小型的半自动翻盘分拣机，用于邮包分拣。目前，随着分拣量的增加、分送点的增多、配货响应时间的缩短和服务质量的提高，单凭人工分拣将无法满足大规模配货配送的要求，我国对自动分拣技术的需求越来越大。

不过，总的来说，我国分拣系统的应用仍呈现出集约化程度低、自动化系统和设备应用范围不广泛的特点。

阻碍自动化拣选系统发展的因素有很多，有些则是与我国整个物流业存在的问题相一致的。物流标准化就是我国物流业长期关注的一个问题。货品的条码化、包装的标准化等是自动化拣选系统得以顺利运行的保证，而在我国，由于货品包装箱（指运输包装）上基本没有印刷条码，商业系统至今尚没有认真研究过运用自动分拣机。另外，由于一家公司或企业往往无法左右整个行业的进展，一些大企业倾向于开发适合自己业务特点的系统，这又进一步造成了实际中接口的障碍。自动化设备和系统的价格问题也是另一个阻碍因素，小企业一般无力购进高价设备。

如今，国际竞争日益加剧，为了发展我国物流业，国内的许多企业和政府部门也在做更大的努力，也已取得了一定的成效。例如，随着科技的日新月异，国内的一些物流配送中心也开始结合自身特点、采用高技术含量的设备和系统来提高分拣配送效率。可以肯定，随着物流大环境的逐步改善，自动分拣系统在我国流通领域一定会大有用武之地。

2.2 自动分拣系统特点

总体上，自动分拣系统必须具有以下特点：

1. 自动分拣系统能够连续地、大批量地分拣货品

由于采用流水线自动作业方式，自动分拣系统不受气候、时间、人的体力的限制，可以连续运行；同时由于自动分拣机单位时间分拣货品件数多，因此其分拣能力是人工分拣无法比拟的。目前，世界上一般的 ASS 可以连续运行 100 个小时以上，每小时可以分拣 7000 件包装货品。如用人工分拣，则每小时只能分拣 150 件左右，同时分拣人员也不可能高强度地连续工作 8 小时。因此自动分拣系统的分拣能力是人工分拣系统的几十倍甚至是上百倍。

2. 分拣误差率低

分拣误差率是分拣系统的重要指标，其大小取决于所输入分拣信息的准确率的高低，而这又取决于分拣信息的输入机制。采用人工键盘方式输入，虽然设备简单、投资较省，但操作人员注意力要高度集中，否则易出差错，有统计显示误差率在 3% 以上；采用语音识别输入则需要配备计算机语音识别系统，当被分拣货品经过输入装置时，由操作者读出信息，由计算机识别输入。这种输入方式要求环境安静，操纵者的语音标准，否则也会产生较高的误差率。上述两种方式都不适用于自动分拣系统。目前，在自动分拣系统中主要采用激光扫描条码输入技术来进行分拣信息输入。激光扫描条码输入的精度非常高，除非条码的印刷有误或条码受污损，否则是不会出错的。据美国一项调查显示，采用激光扫描条码输入 126.6 万

项信息，仅错 4 项，差错率仅为 0.003%；扫描速度较高，与输送带的传送速度相当，最大可达每小时 7500 件。

因此，目前，自动分拣系统主要采用条码技术来识别货品。

3. 分拣基本实现无人化

自动分拣系统作业本身并不需要人员直接参与，基本做到无人化，达到了减少人员的使用、减轻劳动强度、提高效率、减少误差的目的。自动分拣系统使用人员只限于以下工作：

（1）送货车辆抵达自动分拣线的进货端时，由人工接货。

（2）由人工控制分拣系统的运行。

（3）分拣线末端用人工将分拣出来的货品进行集载、装车。

（4）自动分拣系统的经营、管理与维护。

例如，美国一公司配送中心面积为 10 万平方米左右，每天可分拣近 40 万件货品，仅使用 400 名左右员工，这其中部分人员都在从事上述 3 项工作，自动分拣线上做到了无人化作业。

2.3 自动分拣系统分类

由于自动分拣系统应用在各行各业，分拣对象不论是在尺寸重量上还是在外形上都有很大差别，小的可以分拣信件，大的可以分拣长度达 1500 毫米的大型货品，因此种类十分繁多。

各种自动分拣系统的差别主要在于所用的分类装置。根据自动分拣系统中的分类装置分拣货品移出的方式不同，可将自动分拣系统分为如下几种类型。

2.3.1 推块式分拣系统

1. 推块式分拣系统的原理

推块式分拣系统（Pusher Sorting System）是由推块式分拣机、供件机、分流机、信息采集系统、控制系统、网络系统等组成。推块式分拣机由链板式输送机和具有独特形状的滑块在链板间左右滑动进行货品分拣的推块等组成，如图 2－2 所示。

图 2－2　推块式分拣系统

推块式分拣机的传送机构是一种特殊的板式输送机，其板面由金属板条（或管子）组成，每块板条（或管子）上各有一枚能作横向滑动的导向块（Shoe），导向块用硬质材料制成。平时导向块靠在输送机一侧边上，当被分拣货品到达指定道口时，控制器使导向块顺序地向道口方向滑动，将货品推向指定的分拣道口。由于导向块可以朝两侧滑动，因此滑动导向块分拣机可以在主输送带的两侧设置分拣道口，以节约场地空间。推块式分拣机是当代最新型的高速分拣装置。

2. 推块式分拣系统的性能特点

随着分拣活动的重要性越来越突出，物流中心希望分拣系统的分拣速度更快，能分拣的货品更多，对分拣货品的冲击力更低。推块式分拣系统就是根据市场的这一需求而产生的。推块式分拣系统是自动分拣系统中最为新型的分拣系统，具有其他分拣系统所达不到的功能特性。其特点具体如下：

（1）可分拣各类货品。推块式自动分拣系统的最大特点就是分拣对象的范围十分广泛。易碎货品、细长货品、轻的东西、重的东西、捆绑货品等都可进行分类。

（2）分拣轻柔、准确。推块式分拣系统是通过独特形状的滑块一边向前行走一边把货品滑动推出，其动作准确、轻柔，不会给货品带来损害。同时货品在分拣机上不会错位、歪斜，能够实现准确地跟踪。

（3）分拣能力高。分拣时所需要的货品间隔非常小，并且与货品的尺寸和重量无关。所以和其他分拣机相比行走速度低而分拣能力高。举一个例子，如果是40厘米左右的货品，1小时可分拣10000个以上，同时分拣机行走速度很低，仅为每分钟130米。

（4）可在左右两侧分拣。在进行分拣之前，没有必要将分拣货品预先靠向一侧或将其排列成与分类机形成直角或平行等。所以没有必要在分拣机前特意设置靠边输送机（Skeweed Conveyor），可更有效地使用空间。

（5）机身长、出口多。由于采用了高张力链条和精密轴承，机身很长，可设置多数量出口。大库公司曾做过一个动力单位的最长机身为110米。

（6）噪声低、可靠性高。由于采用了高耐磨性的聚氨酯橡胶和一些工程塑料零件而实现了低噪声设计。此外，滑块形状适合轻柔推出货品，所需之处都设有安全装置，从而实现了高可靠性高速分拣。

推块式分拣系统能够多品种、高速度、高频率和及时准确地进行分拣作业，是建立在较高的技术支撑基础之上的。该系统适合邮政、烟草、医药和制造业等领域。

具体的性能特点如表2－1所示。

表2－1　　推块式分拣系统的性能特点

	推块式分拣系统
优　点	①可适应不同大小、重量、形状的各种不同货品 ②分拣时轻柔、准确，准确率可达99.9% ③可向左、右两侧分拣，占地空间小 ④分拣时所需货品间隙小，分拣能力高达18000个/小时 ⑤机身长，最长达110米，出口多 ⑥滑块的动作是在计算机控制下进行的，其动作合理，对货品冲击非常小，不损货品 ⑦无噪声和操作可靠

续 表

推块式分拣系统	
缺　点	①分拣系统设施复杂，投资及营运成本较高 ②需要一个与之相适应的外部条件，如计算机信息系统、作业环境、配套设施等

2.3.2　交叉带式分拣系统

1. 交叉带式分拣系统的原理

交叉带式分拣系统（Carbel Sorting）是近几年比较新型的分拣设备，它由主驱动带式输送机和载有小型带式输送机的台车（简称“小车”）连接在一起，当“小车”移动到所规定的分拣位置时，转动皮带，完成把货品分拣送出的任务。因为主驱动带式输送机与“小车”上的带式输送机呈交叉状，故称交叉带式分拣机。

交叉带式分拣系统中的核心设备称为交叉带式分拣机，是由一组小车组成的封闭输送分拣系统，通过置于轨道总成中的直线电机驱动系统进行无机械接触的磁力传动，将载有货品的小车送往预先设定的目标分拣道口，同时由于每个货品能够根据自动检测的物理参数与小车对应，带有货品的小车在达到目标分拣道口时，小车自带电机启动，带动小车上的输送带转动，从而使货品滑入槽中。小车上的电机在控制系统的作用下可以带动皮带进行双向转动，这样可以实现货品向两侧的分拣。整个运动参数受控于主控系统，主机控制系统和供件系统控制系统组成的静态有线网络通过智能滑触线系统（滑轨总成）来控制运动状态下小车的各项参数以保证货品平稳进入小车中心和货品的准确入格。由于交叉带式分拣机没有采用重力分拣，因此小车无翻转动作，卸件的冲击被消除了，而这种水平的无落差分拣使得卸包的过程平稳滑顺、无冲击。

2. 交叉带式分拣系统的性能特点

交叉带式分拣系统的主要设备是交叉带式分拣机，它是一种独特的分拣设备，其驱动行走方式比较独特，每个物件拥有一个独立的分拣单元，直至分拣完毕。其上、下件精度相当高，无论是对何种外观的物件，均可平稳地进行分拣。而且由于单个模块的尺寸较小，因此分拣格口之间的间距可以布置得比较密集，从而场地利用率相当高。该分拣机的模块化设计，使得运行成本及维护率都较低，而且布局相当自由，可以满足不同需要的组合。大型交叉带式分拣系统一般应用于机场行李分拣和安检系统，如图2－3所示。

图2－3　交叉带式分拣机

（1）适宜于分拣各类小件货品。交叉带式分拣系统相对比较小巧，系统上装载着货品的“小车”是由皮带输送机组成的，所以能够轻柔地分拣诸如化妆品、食品、衣物、日用杂品等各类小件货品和不定形货品，其分拣货品的范围主要受小车的限制。

（2）分拣出口多。交叉带式托盘小车的特点是取消了传统的盘面倾翻，利用重力卸落货品的结构。卸落货品时，系统可以根据货品质量、尺寸及在托盘带上的位置来确定托盘带的启动时间、运转速度，可以快速、准确、可靠地卸落货品，能够有效地提高分拣速度、缩小格口宽度。所以与采用自重掉落方式的托盘式分拣机相比，交叉带式分拣系统可设立数量更多的分拣出口，增强了分拣能力，一般可达6000～7700个/小时。

(3) 可在左右两侧分拣。交叉带式分拣系统在车体上设置的短传送带(又称交叉带)是一条可以双向运转的皮带，用其承接从输送机来的货品，由链牵引运行到相应的分拣道口，再由交叉带运转，将货品强制卸落到左侧或右侧的道口中，所以分拣出口可设在分拣机的左侧、右侧或左右侧。

(4) 可选择水平循环或直行循环。水平循环式（H 形）是将载有皮带输送机的台车按螺旋驱动方式循环运行。台车上的皮带输送机的转动不使用马达，而是采用大库公司独特的机械驱动方法。同时交叉带式分拣机平面设计适应范围广泛，可以将轨道倾斜设置构成三维立体系统，也可在循环的前进和返回处各设置一台引导输送机，使分拣能力提高两倍。

直进循环式（S 形）则是按平板输送机那样的方法将联结在一起的台车循环运行，可以把设置空间要求压缩在最小范围。

2.3.3 斜导轮式分拣机

1. 斜导轮式分拣机的原理

斜导轮式分拣机（Line Shaft Diverter）是第二次世界大战后在美国、日本的物流中心中广泛采用的一种自动分拣系统。它是利用转动着的斜导轮在平行排列的主窄幅皮带间隙中浮上、下降，从而达到分拣货品的目的，因此称为斜导轮式分拣机，如图 2 - 4 所示。

图 2 - 4　斜导轮式分拣机

斜导轮式分拣机是在货品转向处安装了两排歪斜的轮子，当货品到达转向点时，根据货品的大小和重量，控制器控制气动装置让一排或两排轮子抬起并旋转，从而使货品脱离分拣台表面，引导货品分流，进入到正确的分拣道口。完成分拣动作后，斜轮恢复原始状态。

根据斜导轮的歪斜角度是否一定，可以分为顶升轮分拣机与转向轮分拣机。顶升轮分拣机的轮子歪斜角度一定，所以适用于单向分拣。而转向轮分拣机的分拣原理与顶升轮分拣机类似，但它的轮子是活动的，可以左右摆动，变换角度，所以它可以实现双向分拣。当有多个卸件台而设备布置空间又有限时，双向分拣非常有用。

2．斜导轮式分拣机的性能特点

斜导轮式分拣机总体来说，具有以下特点：

（1）对货品冲击力小。斜导轮式分拣机分拣轻柔，对分拣的货品冲击力小，可分拣易碎货品。

（2）分拣快速、准确。

（3）分拣出口数量多。只要斜导轮的轮子是活动的，则可在斜导轮前方两侧布置分拣道口，因此根据需求可布置较多的道口，节省空间。

（4）成本较低，长期运行时对转向点的磨损小，维护简单，适于分拣多种混合货品。

（5）适应硬纸箱、塑料箱等平底面货品。斜导轮分拣机对包装形状和质量要求高，主要适用于包装质量较高的纸制货箱或塑料箱，一般不允许在纸箱上使用包装带。对重物或轻、薄货品不能分拣，同时，也不适用于木箱、软性包装货品的分拣。

2.3.4　轨道台车式分拣机

1．轨道台车式分拣机的原理

轨道台车式分拣机（Pallet Sorting System）是将被分拣的货品放置在沿轨道运行的小车托盘上，当到达分拣口时，控制器指使电动装置托起台车托盘，使之倾斜30°，使货品靠重力被分拣到指定的目的地。为减轻货品倾倒时的冲击力，有的分拣机能控制货品以抛物线状来倾倒出货品，如图2－5所示。

图 2－5　轨道台车式分拣机

常见轨道台车式分拣机属于翻盘式分拣机，其托盘被放置在沿轨道运行的小车上。系统的传送装置是一条环状链拖输送系统，它由一系列用链条拖动沿着轨道环行的托盘所组成。这种分拣系统对分拣货品的形状和大小可以不拘，但以不超出托盘为限。对于长形货品可以跨越两只托盘放置，倾倒时两只托盘同时倾斜。这种分拣系统能常采用环状连续输送，其占地面积较小，又由于是水平循环，使用时可以分成数段，每段设一个分拣信号输入装置，以便货品输入，而分拣排出的货品在同一滑道排出（指同一配送点），这样就可提高分拣能力。同时，各托盘之间的间隔很小，而且可以左右两个方向倾翻，所以这种分拣机可设很多分拣道口。这种分拣系统的结构如图 2－6 所示。

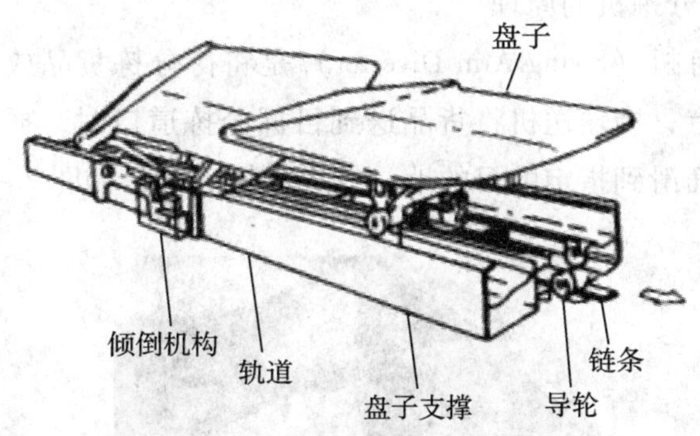

图 2－6　轨道台车式分拣机结构

2. 轨道台车式分拣机的性能特点

（1）可三维立体布局，适应作业工程需要。由于驱动链条可以在上下和左右两个方向弯曲，因此，这种分拣机可以在各个楼层之间沿空间封闭曲线布置，总体布置方便灵活。台车翻盘式分拣线的布置十分灵活，既能水平，也能倾斜，甚至可以隔层布置；平面上可呈直线形、环形或不规则形，这是其他几类分拣机所难以办到的。

（2）可靠耐用，易维修保养。这种系统性能可靠，较为耐用，并且对维修保养的技术要求不高。

（3）适用于大批量产品的分拣。轨道台车式分拣机中的翻盘有多种形式和尺寸，它适合于重量在1~50千克的小型货品。这种系统广泛应用于邮政系统和其他行业。由于通过重力作用来斜滑分发货品，所以最适合搬运类似于报纸捆、米袋、服装、布料之类不易碎、非规则货品及其他不能用输送带输送的大批量货品。

（4）分拣能力较高。这种分拣系统的两侧都可以设分拣道口，其间距是翻盘的节距，方便灵活。其分拣能力可达20000件/小时左右。例如，日本川崎重工公司生产的翻盘式分拣系统设有32个分拣信号输入装置，有排出滑道255条，每小时分拣货品能力为14400件。住友重机工业株式会社生产的分拣机系统的分拣能力达30000件/小时。

2.3.5 摇臂式分拣机

1. 摇臂式分拣机的原理

摇臂式分拣机（Swing Arm Diverter）是将待分拣货品放置在钢带式或链板式输送机上，当输送机将货品送到目标分拣道口时，摇臂转动，使货品沿摇臂杆斜面滑到指定的目的地，完成分拣工作，如图2-7所示。

图2-7 摇臂式分拣机

摇臂式分拣机的分拣装置主要是一根摇臂，如图2－8所示。其原理与其他类型分拣机的原理相似，主要是通过对货品的流向进行控制来实现货品的分选。在设备中的每一个分拣道口处都有一个转向点，在每一个转向点处安装有一个摇臂。待分拣货品通过输送机到达目标转向点时，通过控制系统将转向臂绕固定支点转动一定的角度，就可使货品滑入分拣道口。摇臂通常都是纯机械控制，例如，凸轮等。摇臂式分拣机在摇臂上安装了齿形皮带，可使分流更快、更准确。

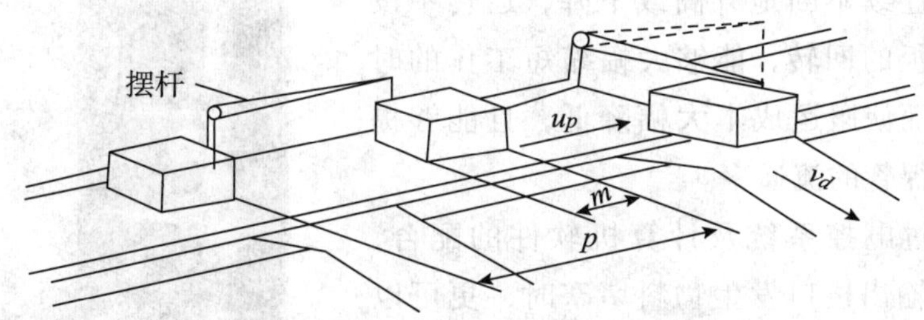

图2－8 摇臂式分拣机的分拣装置

2. 摇臂式分拣机的性能特点

（1）价格较低，但有较大的空间要求。

（2）它的适用范围很广，以非易碎及形状稳定的货品为主，其分拣效率可达2500～5000件/小时。

（3）结构设计简单而紧凑，但转向臂表面应有衬垫，以防高速运动时损坏货品。这种分拣机只能实现单向分拣。

2.3.6 垂直式拣选系统

1. 垂直式拣选系统的原理

垂直式拣选系统（Vertecal Picking System），又称折板式垂直连续升降输送系统，是不同楼层间平面输送系统的连接装置。根据用途和结构的不同，有从某楼层分拣输送至某楼层；从某楼层分拣输送至不同的各楼层；从某楼层分拣输送至某楼层的不同出口方向，如图2－9所示。

因此，垂直式拣选系统是一种可以同时进行多口多层次连续物料垂直分拣的设备。垂直式拣选系统的性能随着物流技术的进步而不断改进。例如，上海博奕物流技术有限公司在原有兰敦机的基础上，通过工程技术人员的不断努力，对原有的设计进行大刀阔斧地改革，使运输物料的隔板能够连续不断地升高或下降，运转中没有空隔板的回转，能够大幅缩短工作的时间，从而使搬运成本大幅降低，且能够提高货物保管的流通率。

图 2－9　垂直式拣选系统

通过电控系统及计算机软件的配合，在每个输出格口发生物料堵塞时，更可以在垂直升运机内部进行暂存，等到适当的时候再将物料运送至该格口进行输出，如图 2－10 所示。

2. 垂直式拣选系统的性能

以上海博奕物流技术有限公司所生产的垂直式拣选系统为例，对其基本性能进行说明。主要指标如表 2－2 所示。

图 2－10　连续式垂直升运机格口

表 2－2　　垂直式拣选系统的性能指标

连续式垂直升运机技术参数	
最大扬程	20000 毫米
最大格口数量	10 个（单侧）
分拣货品	标准周转箱或同一规格纸箱
最大物料规格（L×W×H）	700 毫米×400 毫米×300 毫米
单个物料重量	1.5～30 千克
最大处理速度	1200 件/小时
结构形式	
电机品牌	德国 SEW/世协/按需订购
驱动方式	链驱动
机架	铝合金型材，外罩喷塑钢板
通信接口	RS－232 标准接口

2.4　自动分拣系统的组成

自动分拣系统是利用输送装置将混在一起而去向不同的货品，按设定要求通过分类装置自动分配货品通道，自动进行分发配送的设备。自动分拣系统主要组成部分相似，通过控制装置、识别装置、分类装置、输送装置完成分拣作业全过程，同时需要自动存取系统（ASRS）的支持。当被分拣物到达分拣道口时，通过推拉、拨块、倾倒、输送等方式，使货品滑动或传输到分拣道口，可实现多品种、小批量、多批次、短周期的货品分拣和配送作业。其主要结构如图 2－11 所示。

下面将自动分拣系统分为控制装置、分类装置、输送装置以及分拣道口 4 部分，分别进行介绍。

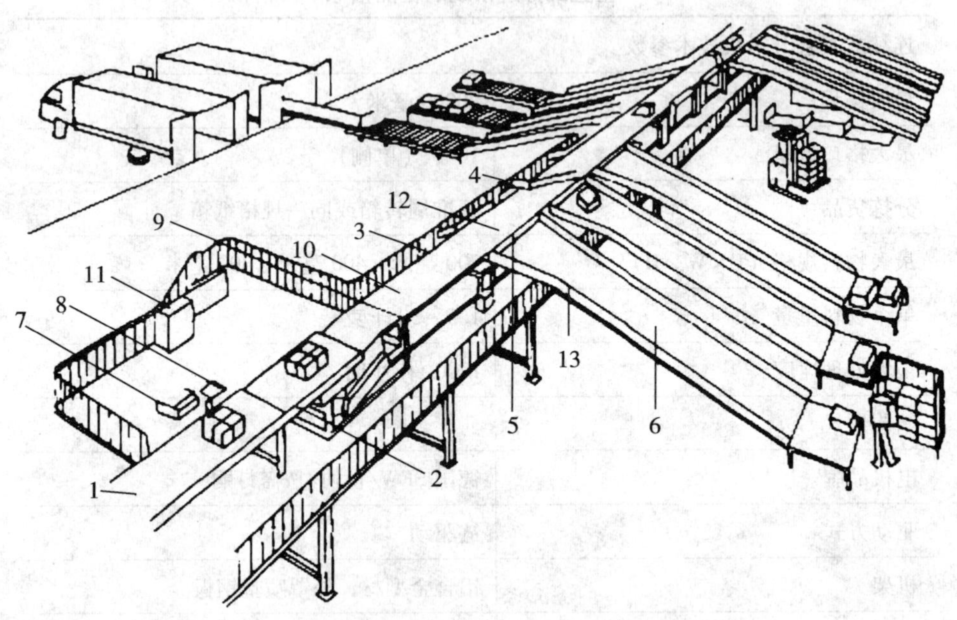

图 2－11 自动分拣系统结构

1—输入输送带；2—喂料输送带；3—钢带输送带；4—括板式分流器；5—送出辊道；6—分拣道口；7—信号给定器；8—激光读码器；9—铜鼓检出器；10—磁信号发生器；11—控制器；12—磁信号读取器；13—满量检出器

2.4.1 控制装置

1. 控制装置的作用

控制装置的作用是识别、接收分拣信号，并快速处理大量的分拣信息和指令，准确识别每件货品，根据分拣信号的要求，通过系统的控制网络控制输送系统和分拣装置，按货品品种、货品送达地点或按货主的类别对货品进行自动分类，及时、准确、协调地完成分拣作业，并将作业信息和数据反馈到主控监视系统。分拣需求可以通过不同方式，如可通过条码扫描、色码扫描、键盘输入、重量检测、语音识别、高度检测及形状识别等方式，输入到分拣控制系统中去，根据对这些分拣信号的判断，来决定某一种货品该进入哪一个分拣道口。总控系统对货品的信息实行全程跟踪和处理，对分拣全过程进行在线监控，以保证系统在运行过程中信息和设备的安全性、可靠性。

自动分拣系统控制装置的主要功能可以总结为以下几个方面：

（1）接受分拣目的地地址，通常由操作人员利用数字键盘或按钮输入。

（2）控制进给台，使分拣物按分拣机的要求迅速、准确地进入分拣机。

（3）控制分拣机的分拣动作，使分拣物在预定的分拣口迅速、准确地拣出。

（4）完成分拣系统各种信号的检测监控及安全保护。

2. 分拣控制系统的运作原理

分拣控制系统不仅仅要控制分拣装置动作准确，同时还要提取、处理分拣信息和指令，实时快速地与主控计算机和各装置控制器或PLC间进行双向数据通信，进而控制存取、输送、识别和分拣，使各系统高效、协调地工作。

分拣控制系统必须具备数据通信和装置驱动控制两大功能系统。操作人员向系统输入一个或一批分拣指令，主控系统处理后将其转换为对应货品的识别数码、分拣数量和分拣目的、位置等一系列分拣控制信息和指令并输送给分拣控制器，并打印出相应的清单、文件和货品标签。当拣取的货品被输送并经过激光扫描或RF等识别系统装置时，该货品的分拣信息被提取，并传送给分拣控制器。对照主控系统传送的信息和指令确认该货品的分拣要求，控制器由此产生控制指令并传输给控制输送和分拣装置的PLC，将货品准确输送到指定分拣道口并分拣到目标位置或集货点。一旦货品到达目的位置后，PLC再将作业信息反馈到分拣控制器对该项分拣作业及时调整更新，此过程反复自动进行直到该项分拣作业完成或人为终止。实际运行时，分拣控制系统能同时处理多项分拣作业。大量的待分拣货品在进入分拣系统前会合到主输送线上，并被引导逐个通过自动识别装置。识别后，每件货品的分类信息和分拣指令传给分拣控制器，从而控制分拣装置将各自对应的货品分拣到位。分拣装置控制系统如图2－12所示。

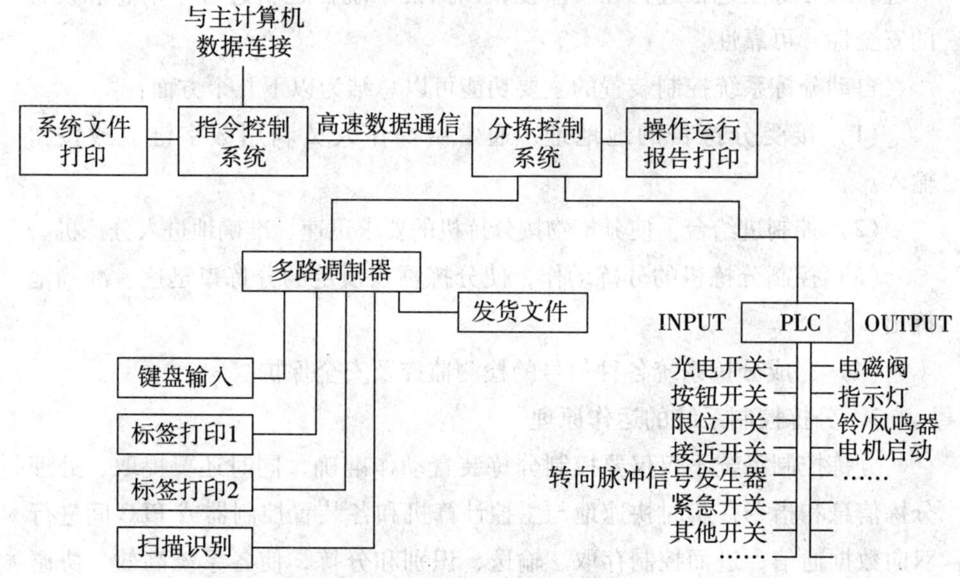

图 2－12　分拣装置控制系统

3. 分拣指令输入的设定方式

在进入分拣机前，需在货品的外包装上贴上或打印上标签，标签上的代码表明货品的品种、规格、数量、货位、货主等信息。根据标签上的代码，在货品入库时，可以表明入库的货位；在输送货品的分叉处，可以正确引导货品的流向，堆垛起重机可以按照代码把货品存入指定的货位；当货品出库时，标签可以引导货品流向指定的输送机的分支上，以便集中发运。通常在分拣前，先由信号设定装置把分拣信息（如配送目的地、客户名等）输入计算机中央控制器。

在自动分拣系统中分拣信息转变成分拣指令的设定方式有如下几种。

（1）人工键盘输入。分拣信息以代码的形式事先书写、印刷或票贴在货品包装上，通过进货输送带时操作者将代码键入。键盘有十键式和全键式两种，常用的为十键式，键盘为 10 码键（Ten Key），盘上有 0 ~ 9 数字和重复、修正等健。每个分拣编码为 2 ~ 3 位数，一般每小时可输入 2400 个键。全码键（Full Key）则在盘上有全部代码键，键入时只按一键即可，如图 2－13 所示。

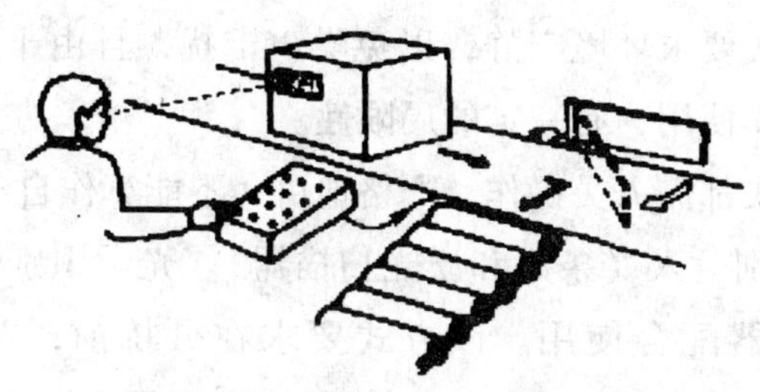

图 2－13　人工键盘输入分拣代码

这种输入方式设备简易、操作简单、限制条件少、投资较省；但要求操作人员思想高度集中，否则易看错、键错（据有的统计差错率约为3%），输入速度一般只能达到1000～1500件/小时，适合应用于中小型分拣系统。

（2）声音输入。声音输入代码如图2－14所示。该方式首先需将操作人员的声音预先输入控制器的计算机中储存，当货品经过设定装置时，操作员按预先规定的语言模式，将货品上的分拣代码依次读出。其声音经计算机识别、接受并转变成分拣信号，发出指令，传送到分拣系统的各执行机构。

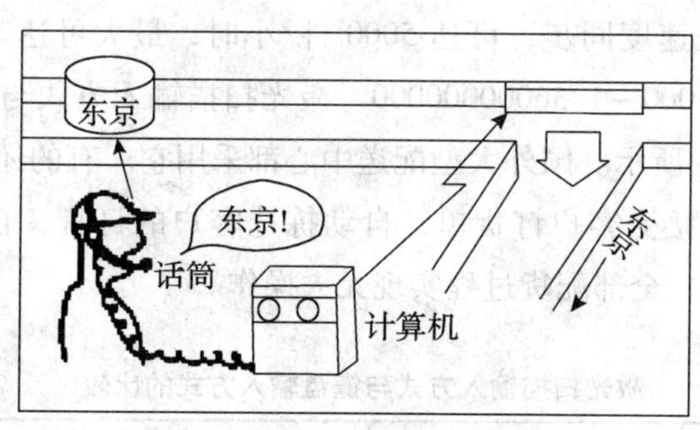

图 2－14　声音输入代码

声音输入法与键盘输入法相比，速度更快，可达3000～4000件/小时，操作人员较省力，可兼作他事，如手上调整在输送机上货品的方位等。但由于需事先储存操作人员的声音，当操作人员偶尔因咳嗽声哑时，就会出现差错。据国外物流企业实际使用情况介绍，声音输入法经常出现故障，使用效果不理想。

这种输入方式要求环境宁静，以免噪声干扰，且由于口音的差异，只限于指定人员操作使用，有一定的局限性。

上述两种方式都需人员操作，严格地讲，不能算作自动化分拣系统。

（3）光学识别输入（条码和激光扫描器）。光学识别输入法需要条码和激光条码扫描器配合使用。该方式要求在分拣前，在被拣货品上贴（印）上分拣条码（一维条码或二维条码），当被分拣货品在进货输送带上经过激光条码扫描器（Bar Code Scanner）时，条码上的分拣信息便被自动“读取”，输入计算机控制器。

扫描器从货品上面或从侧面扫描，或者同时从上面、侧面扫描。因此，为了正确输入，要求条码标签的一面应面向扫描器。若货品上的条码标签粘贴方向不能保证时，可将两个扫描器呈90°布置，构成一个全角度扫描系统。扫描器能对在输送机上每分钟移动40米的货品进行扫描阅读，扫描速度为500～1500次/秒，但以扫描输入数最多的信号为准。

激光扫描条码方式费用较高，货品需要物流条码配合，激光扫描器的防震、防摔性能好，而且对印刷质量差或模糊的条码识别效果好，是一种价格性能比较高的扫描装置。其输入速度要高于电荷耦合器件（CCD），且输入可与输送速度同步，可达5000件/小时，最大可达7500件/小时。差错率仅为1/15000～1/3600000000。激光扫描输入方式与键盘输入方式的比较如表2－3所示。国外大型配送中心都采用它。有的还采用程序控制方式，通过EDI接受客户订货单，自动拣选客户的订货，自动喷印条码，进行分拣后配送，全部配货过程实现无人操作。

表2－3　　激光扫描输入方式与键盘输入方式的比较

输入方式	速度（件/小时）	出错率	费　用
键盘输入	1000～1500	3/100	低
激光扫描输入	5000～7500	1/15000～1/3600000000	较高

（4）传感器输入。传感器输入分拣信息主要是利用货品的特性，如质量、外形大小、颜色和视觉等进行信息传输。因此，这种信息识别方式适

用于被拣货品能通过本身形状和颜色加以区别，通过对传感器的应用，识别货品的货品特性，达到分拣货品的目的。常用的传感器主要是非接触式的传感器，如光电式传感器、超声波传感器、红外传感器等。

（5）射频识别输入。射频识别输入类似于光学识别输入方式，需要射频识别标签与识读器相互配合使用。射频识别（RF）的标签附在货品上；标签与识读器之间利用感应、无线电波或微波能量进行非接触的双向通信（识读距离可以从 10 厘米到几十米），实现信息的识别和数据交换。RF 可以将出错率降低为零，但它也存在一定的弊端。首先，RF 设备的价格较高；其次，虽然射频识别标签内容可修改，但标签所带信息量较小，而且 RF 受专利系统影响，一个厂家的设备不能阅读另一个厂家的标签，所以仅在一些封闭系统中使用。例如，在保税仓库中用于贵重货品的保护，保证叉车能按正常的路线搬运托盘，降低在非监控道路货品被盗的可能性。

2.4.2 分类装置

分类是指将自动识别后的货品引入到分拣机主输送线，然后通过分类装置把货品分流到指定的位置。分类的依据主要有：①货品的形状、质量、特性等。②用户、订单和目的地。

分类装置的工作原理是，当计算机管理系统接受到自动识别系统传来的货品信息以后，经过系统的分析处理，给货品产生一个目的位置，于是控制系统向分类机构发出控制指令，分类机构接受并执行控制系统发来的分拣指令，在恰当的时刻使分类机构产生分拣动作，改变货品在输送装置上的运行方向，使货品进入相应的分拣道口，完成货品的分拣输送。

分拣机是分类装置的主要部分，也是分拣系统的核心设备。由于不同行业、不同部门的分拣对象在尺寸、质量和外形等方面都有很大差别，对分拣方式、分拣速度、分拣口的多少等要求也不相同，因此分拣机的种类也很繁杂，一般有推出式、浮出式、倾斜式、分支式、摇臂式等。采用不同的分拣机，配置不同的前处理设备和后处理设备，可以组成适合各种不同需要的分拣系统。（在 2.3 节自动分拣系统分类中已详述）

2.4.3 输送装置

1．概念

输送装置的主要组成部分是传送带或输送机，其主要作用是使待分拣货品通过控制装置、自动分类装置，从而将货品准确无误、毫无损坏地送至指定的位置。在输送装置的两侧，一般要连接若干分拣道口，使分好类的货品滑下主输送机（或主传送带）以便进行后续作业。

2．主要输送机

分拣输送机是自动分拣机的主体，包括两个部分：货品传送装置和分拣机构。前者的作用是把被拣货品送到设定的分拣道口位置；后者的作用是把被拣货品推入分拣道口。各种类型的分拣机，其主要区别就在于采用不同的传送工具（如钢带输送机、胶带输送机、托盘输送机、辊子输送机等）和不同的分拣机构（如推出器、浮出式导轮转向器、倾盘机构等）。上述传送装置均设带速反锁器，以保持带速恒定。

输送机是输送装置的核心组成部分，一般分为收货输送机、送喂料输送机和合流输送机。

（1）收货输送机。运输车辆运送来的货品被放在收货输送机上，经检查验货后送入分拣系统。在比较大型的物流配送中心里，为了提高自动分拣机的分拣量，往往采用多条输送带组成的收货输送机系统，以供几辆、几十辆乃至百余辆卡车同时卸货，以此达到吞吐量大的要求，提高自动分拣机的分拣量。这些输送机多是辊子式和带式输送机，特别是辊子输送机，具有积放功能，即当前面的货品遇阻时，后继货品下面的辊道会自动停转，使货品得以在辊道输送机上暂存，解除阻力后自动继续前进。

有些配送中心使用了伸缩式输送机，它能根据该输送机伸入卡车车厢内，从而大大减轻了卡车工人搬运作业的劳动强度。

（2）送喂料输送机（进货装置）。货品在进入某些自动分拣机前，要经过送喂料机构。它的作用有两个：一是依靠光电管的作用，使前、后两货品之间保持一定的间距（最小为 250 毫米）、均衡地进入分拣传送带；二是使货品逐渐提高到分拣机主输送机的速度。

其中，第一阶段输送机是间歇运转的，它的作用是当货品上分拣机时，保证满足货品间的最小间距。由于该段输送机传送速度一般为0.6米/秒左右，而分拣机传送速度的驱动均采用直流电动机无级调速。由速度传感器将输送机的实际带速反馈到控制器，进行随机调整，保证货品在第三段输送机上的速度与分拣输送机完全一致。这是自动分拣机成败的关键之一。

（3）合流输送机。大规模的分拣系统因分拣数量较大，往往由2~3条传送带输入被分拣货品，它们在分别经过各自的分拣信号设定装置后，必须经过合流装置。合流机构是由辊式输送机组成，能让到达会合处的货品依次通过，这是由计算机“合流程序控制器”控制的。

2.4.4 分拣道口

分拣道口是从分拣传送带上接纳被拣货品的设施，也是已分拣货品脱离主输送机（或主传送带）进入集货区域的通道，一般采用滑道形式，由钢带、皮带、滚筒等组成滑道，使货品从主输送装置滑向集货站台，并暂时存放未被取走的货品。道门入口处设一段动力辊道以帮助货品顺利进入道口。当分拣道口满载时，由光电管控制阻止货品进入分拣道口。在那里由工作人员将该道口的所有货品集中后或是入库储存，或是组配装车并进行配送作业。

自动分拣系统中还有斜滑道，可看做是暂存末被取走货品的场所。当滑道满载时，由光电管控制阻止分拣货品再进入分拣道口。此时，该分拣道口上的“满载指示灯”会闪烁发光，通知操作人员赶快取滑道上的货品，消除积压现象。有些自动分拣系统使用的分拣斜滑道在不使用时可以向上吊起，以便充分利用分拣场地。

一般自动分拣系统还设有一条专用卸货道口，汇集“无法分练”和因“满载”无法进入设定分拣道口的货品，以作另行处理。

以上4部分装置通过计算机网络连接在一起，配合人工控制及相应的人工处理环节构成一个完整的自动分拣系统。

其中，传递处理和控制整个分拣系统的指挥中心被称为计算机控制器。自动分拣的实施主要靠它把分拣信号传送到相应的分拣道口，并指示启动分拣装置，把被分拣货品推入道口，分拣机控制方式通常采用脉冲信号跟踪法。进入分拣运输机的货品，经过跟踪定时检测器，计算出到达分拣道口的距离及相应的脉冲数。当被拣货品在输送机上移动时，安装在该输送机上的脉冲信号发生器产生脉冲信号并计数，当数到与控制箱算出的脉冲数相同时，立即输出启动信号，使分拣机动作，货品被迫改变方向，滑入相应的分拣道口。

2.5 自动分拣系统作业描述

通过以上内容，我们已经了解自动分拣系统的组成以及运作原理。我们可以简单地对自动分拣系统的作业过程描述如下：

(1) 收到当供应商或货主的发货通知后，根据配送指示，自动分拣系统在最短的时间内从高层货架存储系统中准确找到要出库的货品所在位置。

(2) 被分拣货品经过输送、信号设定、合流、主传送带等工作过程，到达分拣点。

(3) 到达分拣点时，通过对分拣过程进行控制，发出指令把货品传送到分拣机上，再由分拣机的瞬时动作将货品分拣到指定的滑道，使其分流。

通常可将自动分拣系统的作业流程大致可分为汇流、分拣识别、分拣与分流、分运4个阶段。

1. 汇流段

汇流段也称合流段，是自动分拣系统运作的第一步流程。货品进入自动分拣系统的方式有以下几种：可用人工搬运方式或机械化、自动化搬运方式，也可以通过多条输送线送入分拣系统。逐步将各条输送线上输入的货品合并于一条汇集输送机上的过程称为汇流。当货品汇集到一条输送机后，需调整货品在输送机上的方位，以适应后续流程——分拣识别和分拣操作的要求。汇集输送机具有自动停止和启动的功能。如果前端分拣识别装置偶然发生事故，或货品和货品之间连接在一起，或输送机上货品满载时，汇集输送机就会自动停止，恢复正常后又能够自动启动，这是一种缓冲保护功能。

2. 分拣识别

分拣识别是自动分拣系统的分拣识别装置识别货品信息并将其输入计算机中的过程。为了把货品按要求分拣出来，并送到指定地点，自动分拣系统需要对分拣过程进行控制。首先，需要把分拣的指示信息记忆在货品分拣机上。在货品进入分拣系统前，需在货品的外包装上贴上或打印上表明货品品种、规格、数量、货位、货主等信息的标签。当货品到达时，通过激光扫描器对货品标签上的条码进行扫描，或通过其他自动识别方式，如光学文字读取装置、声音识别输入装置等，以获取货品分拣信息，并将其输入计算机。

激光扫描器的扫描处理速度很快，但受输送机速度和分拣动作的限制，货品之间必须保持一个限定的最小间距，即使是高速分拣机也是如此。当前计算机和程序控制器已经能将这个间距减少到只有几英寸。

3. 分拣与分流

货品离开分拣识别装置后在分拣输送机上移动时，计算机根据不同的货品分拣信号计算出移动时间，当货品行走到指定的分拣道口时，该处的分拣装置自行启动，产生相应动作，将货品排离主输送机进入分流滑道排出。这种分拣机构在国外经过四五十年的应用研制，有多种形式可供选用（已在2.3节自动分拣系统分类中详细阐述）。

4. 分运

分运是分拣出的货品离开主输送机，再经过滑道到达分拣系统的终端的过程。分运所经过的滑道一般是没有动力的，借助货品的自重从主输送机上滑下。在各滑道的终端，由作业人员将货品搬进容器或搬上车辆。

以上为分拣机系统的基本工作过程，这4个过程是在计算机控制系统统一控制下完成的。大型分拣输送机，可以高速度地把货品分送到数十条输送分支上去。分拣机的控制系统采用程序逻辑控制合流、分拣信息输入、分拣和分流等全部作业，然而目前更普遍采用的是PC机或以若干个微处理机为基础的控制方式。

2.6 自动分拣系统的适用条件

第二次世界大战以后，自动分拣系统逐渐开始在西方发达国家投入使用，在发达国家先进的物流中心、配送中心和流通中心所处的地位极其重要，但因其要求使用者必须具备一定的技术、经济条件，因此，在发达国家，物流中心、配送中心和流通中心不用自动分拣系统的情况也很普遍。

在引进和建设自动分拣系统时一定要考虑以下适用条件：

1. 一次性投资巨大

自动分拣系统本身需要建设短则 40～50 米，长则 150～200 米的机械传输线，还有配套的机电一体化控制系统、计算机网络及通信系统等，这一系统不仅占地面积大，动辄 2 万平方米以上，而且一般自动分拣系统都建在自动主体仓库中，这样就要建 3～4 层楼高的立体仓库，库内需要配备各种自动化的搬运设施，这丝毫不亚于建立一个现代化工厂所需要的硬件投资。这种巨额的先期投入要花 10～20 年才能收回，因此必须有可靠的货源作保证，这也是自动分拣系统大都由大型生产企业或大型专业物流公司投资，而小企业无力进行此项投资的原因。

2. 对货品外包装要求高

普通的自动分拣机只适于分拣底部平坦且具有刚性的包装规则的货品，而对于袋装货品、包装底部柔软且凹凸不平、包装容易变形、易破损、超长、超薄、超重、超高、不能倾覆的货品则不能有效地进行分拣工作。为了使大部分货品都能用机械进行自动分拣，可以采取两条措施：一是推行标准化包装，使大部分货品的包装符合国家标准，但要让所有货品的供应商都执行国家的包装标准是很困难的；二是根据所分拣的大部分货品的统一包装特性定制特定的分拣机。但是企业必须要考虑到定制特定的分拣机意味着更高的硬件成本，并且其通用性是随着特殊性的升高而降低的。因此企业要根据经营货品的包装情况来确定是否建或建什么样的自动分拣系统。

3. 要求所处理的业务量大

启动分拣系统的开发经营成本以及开机后的运行成本都比较大，因此需要有相应的业务量进行支持，以保证开机后货源不断，使系统连续带负荷运行，保证系统的使用效率，使单位分拣成本控制在一定范围内。

以一个具有70个分拣道口，每小时分拣8000件货品的大型ASS为例，转一天开机8小时，则可分拣64000件货品，以每件货品平均重量按30千克计算，合1920吨，比一列有50节车皮、每节载重30吨的货运列车的载重量还要多，如果每天都保持这么大的负荷，就要求自动分拣系统使用者的货品配送业务达到这种规模。

2.7 自动分拣系统典型供应商

2.7.1 深圳市天络顺自动化设备有限公司

1. 公司介绍

深圳市天络顺自动化设备有限公司致力于研究、开发各种自动化输送设备，始终追随世界先进水平，不断创新。目前，公司的主要产品包括各种输送系统、分拣系统、仓储系统、自动化生产线以及特种专机等，并自主研制开发了用于回转寿司、火锅及其他自助式餐饮业和产品展示的回转设备。公司产品系列完整、质量可靠，是国内能提供全系列自动化输送设备的厂家之一，先后为食品、日用品、烟草、化工、制药、仓储、港口、码头、餐饮业、产品展示业等行业提供了许多完整的输送设备，畅销于全国并拓展到海外市场，赢得了广大用户的赞誉和信赖。

以人为本的经营管理理念使公司会聚了一大批优秀的科研管理人才，并组建成了一支高效团结的管理团队，从而保证了公司长期稳定的可持续性发展。公司良好的管理及薪酬体系、开放的纳贤政策，吸引了八方俊彦纷纷加盟公司，为公司的可持续发展提供了雄厚的人力资源。

公司管理规范，拥有各种先进的加工设备、检测设备，工艺成熟，工装完备，通过了ISO 9001:2000质量认证体系，生产过程严格按照设定的技术标准及工艺流程作业，有效地保证了产品质量。

在企业的发展过程中，公司始终坚持“为用户创造价值，做优秀的供应商”的理念，以及“合理适用、品质超群、服务优良”的原则，根据客户的需求提供最优化的技术方案，提供高可靠性、高效、安全的高性价比的输送设备。

2. 自动分拣系统产品展示（如图 2 – 15 所示）

图 2 – 15　自动分拣系统产品展示一

2. 7. 2　上海宝偶自动化系统设备有限公司

1. 公司介绍

上海宝偶自动化系统设备有限公司专业从事各类物流输送系统、分拣系统、仓储系统及物流配送中心的拣选系统的研制与开发。

公司自 1991 年成立以来致力于研究、开发各种物流自动化系统设备，并成功开发了 Shoe Type Sorter，Telescopic Conveyer 等。

公司始终追随世界先进水平，不断创新。目前，公司开发自动检测体积、重量分类和条码分类的分类输送线。

公司产品系列完整、质量可靠，是国内提供全系列自动化物流设备的企业之一，先后为物流配送中心、服装公司、日用品、烟草、化工、制药、仓储及机场，提供了完整的输送设备，产品畅销于全国并拓展海外市场，赢得了广大用户的赞誉和信赖。

2. 自动分拣系统产品展示（如图 2－16 所示）

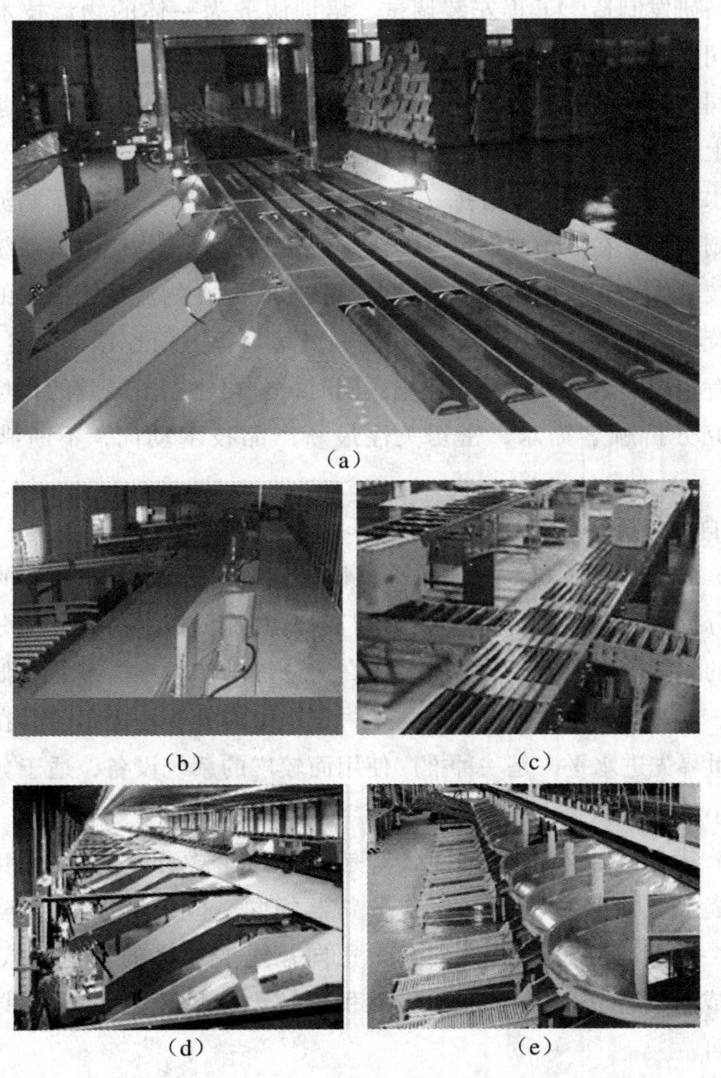

（a）

（b）　（c）

（d）　（e）

图 2－16　自动分拣系统产品展示二

2.7.3 上海博奕物流技术有限公司

1. 公司介绍

上海博奕物流技术有限公司是一家集物流咨询、规划设计、系统集成、设备研发制造、工程安装调试、培训服务为一体的物流技术专业公司。公司总部位于上海漕河泾开发区西南软件园。

公司与日本、美国、德国等国的物流专业公司及北京科技大学、浙江大学、上海交通大学等有着广泛技术交流并合作研究开发了一系列具有世界先进水平的物流输送、分拣、仓储设备和相关技术，形成了物流诊断咨询、规划设计、在线仿真评价、物流系统管理优化、物流软件系统构建等方面的技术优势，掌握了物流领域前沿技术，并在物流系统工程的规划设计、系统集成、设备生产制造、安装调试培训等方面积累了大量的经验，在业内有较高知名度和广泛的业绩。同时，公司建立了高效的市场信息系统，研究分析顾客需求，密切关注最新产品技术动向，不断满足市场要求。

2. 自动分拣系统产品展示

（1）推块式分拣机。推块式分拣机是该公司于2003年开发的一种最新型的分拣机，在输送的同时可以进行双向高速分拣，这是其他分拣机无法达到的，其输送速度快、分拣效率高、分拣动作柔和、差错率低、可扩展性强。此双向推块式分拣机的技术含量在国内处于领先地位，在国际上也达到世界先进水平，是一种推广使用面较广的系统设备，适于分拣各种不同大小的货品。

（2）横向移载器。横向移载器是一种与轮式分路器结构相类似的分拣设备。其所起的作用与轮式分路器相同，但是链条移载器在分拣的同时会改变物料输送的方向，由正向输送变成横向输送，或由横向输送变成正向输送，其分拣影响面积比较小，只需两条输送线体进行对接即可。

（3）连续式垂直升运机。如图2－17所示。

(4) 交叉带式分拣机。交叉带式分拣机是一种独特的分拣设备，其驱动行走方式比较独特，每个物件拥有一个独立的分拣单元，直至分拣完毕。其上、下件精度相当高，无论是何种外观的物件，均可平稳地进行分拣。而且由于单个模块的尺寸较小，因此分拣格口之间的间距可以布置得比较密集，因而场地利用率相当高。该分拣机的模块化设计，使得运行成本及维护率都较低，而且布局相当自由，可以满足不同需要的组合。

(5) 斜导轮式分拣机。斜导轮式分拣机是一种结构简单、成本较低的分拣设备，其布置相当灵活，经常用于各种分拣效率要求不是很高的分拣格口处，能够分拣各种规格的物件。

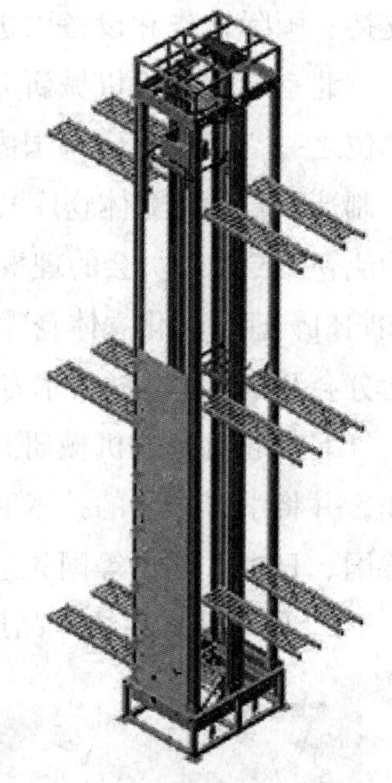

图 2－17　连续式垂直升运机

2.7.4　北京起重运输机械研究所

1. 公司介绍

北京起重运输机械研究所创建于 1958 年，是原机械工业部直属的国家一类科研所，现为具有独立法人资格的科技型企业，是中央企业工委直属大型企业中国机械装备（集团）公司的成员单位，是北京市高新技术企业和科技研究开发机构。注册资金 5151 万元，现有职工 430 人，其中，教授级高工 25 人，高级工程师 135 人，工程师 120 人。

北京起重运输机械研究所主要承包各类自动化立体仓库、自动化物流配送中心和架空索道工程，承担大型露天矿、港口、料场和工厂企业的物流规划设计和物料搬运成套设备的系统设计与工程承包，是国内物料搬运和物流规划的唯一甲级设计单位。在自动化物流系统业务中的主要业务范围包括：自动化物流仓储系统（配送中心）总体规划，物流仓储系统工程项目承包，库存管理系统与自动控制系统开发，以及物流仓储系统的技术支持、国际合作和设备引进等。

北京起重运输机械研究所是国内最早研制开发自动化立体仓库系统的单位之一，曾成功研制国内第一座自动化立体仓库系统（1973 年，北京汽车制造厂自动化立体仓库）。也是全国物流仓储行业的归口研究所，是中国物流仓储专业委员会的理事长单位。在行业中技术处于领先地位，负责起草和归口管理自动化立体仓库的所有标准。隶属于国家机械工程学会的物料搬运分会及自动化仓储技术专业委员会均挂靠北京起重运输机械研究所。

北京起重运输机械研究所和国外的众多物流厂商有直接联系和密切合作，并将学习领会的技术和经验融入到产品设计中。其技术吸收和借鉴了德国、日本、瑞士等国先进技术，设计水平属国内一流。

2. 自动分拣系统产品展示（如图 2－18 所示）

（a）（b）（c）（d）（e）

图 2－18　自动分拣系统产品展示三

2.7.5　大库输送机株式会社

1. 公司介绍

大库输送机株式会社是物流系统的综合制造厂家，其在中国的销售和服务业务由“上海大库机械有限公司”负责提供。

上海大库机械有限公司是于2003年11月由大库集团负责亚太地区业务的工程服务公司（Okura Flexible Automation Systems，OFAS）全资设立的公司，与此同时，大库输送机株式会社负责维修部门的关系公司——大库输送机株式会社也在上海设立了驻在员事务所，主要以在华日系企业客户为主。按照与日本国内同样的标准，提供全面的有关物流的技术解决方案。

2. 自动分拣系统产品展示

为了满足即时生产（JIT）物资分拣的需求，实现精确而快速的分拣作业的要求日益增长。大库在高可靠性分拣作业的自动化方面取得了显著的进展，并大大缩短了从订单到发货的时间。大库开发了各种系统，可满足不同的应用，例如，可超高速分选多种货物的Unisorter，以及设计用于分选小型产品的Carbel分选机。

各种分选技术应用于作为功能分类中心核心部分的自动化分选系统。大库提供了各种分选系统，可满足从大容量型到小型元件的系统的各种要求，如图2－19所示。

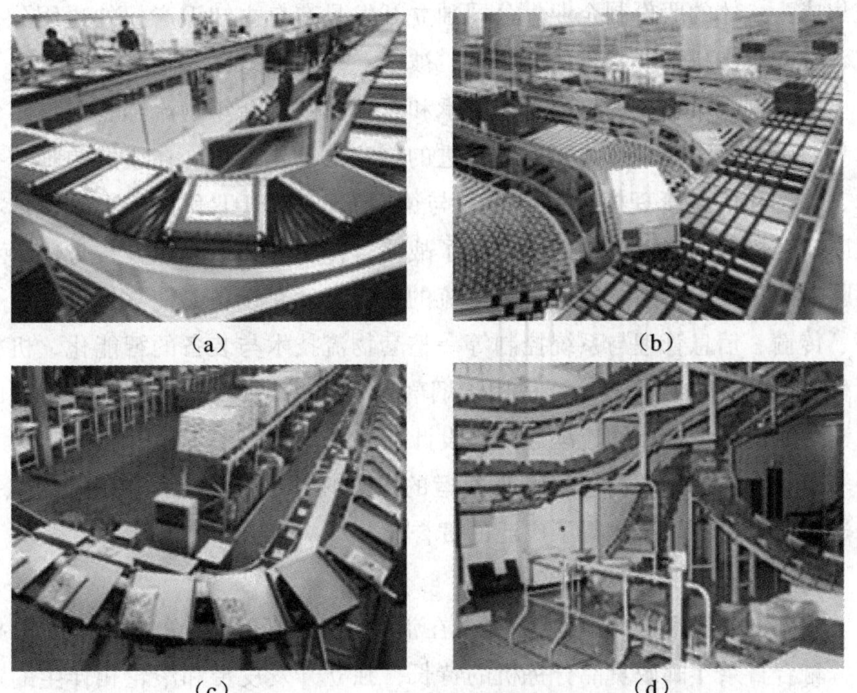

(a) (b) (c) (d)

图2－19 自动分拣系统产品展示四

(e) (f)

图 2－19 自动分拣系统产品展示四（续）

2.7.6 中邮创制机电技术有限公司

1. 公司介绍

中邮创制机电技术有限公司是国家邮政局、国家邮政局科学研究规划院、北京晨光创业投资有限公司共同组建的集新产品研发、生产制造、系统集成为一体的股份制企业。公司独立开发具有自主知识产权的通用分拣机，经北京市科学技术委员会评审，被认定为高新技术企业。

中邮创制机电技术有限公司继承和总结邮政百余年物流经验和集团化优势，引进、消化、吸收国外最先进的物流自动化技术，在成熟的邮政技术、装备和信息管理模式基础上，与德国 GEBHARDT 和日本小松、日本大库输送机等物流设备制造商建立了战略合作伙伴关系。结合自身优势和国际最前沿技术，系统集成国际一流的物流自动化设备，使立体仓储、分拣、传输、信息管理与系统控制等一整套物流技术与装备的智能化、机械化程度达到 90% 以上，广泛适用于烟草、医药、商业等行业。最具特色的运输网络优化设计在物流配送中心设计上独占鳌头。

追求卓越的进取精神、匠心独运的设计理念、品质卓群的解决方案、全过程质量保证体系赢得了广泛的赞誉。

2. 自动分拣系统产品展示

中邮创制机电技术有限公司，在消化吸收国际高新分拣技术的前提下，融合百余年邮政货品分拣机的特长，独立开发皮带和滚轮相伴生的通用分拣机，根据物流配送中心设定的性质和预留第三方物流的种类，在充分满足效率要求的前提下，达到性能与价格的最优化匹配，设计超高速、高速、中速分拣技术，尽量减少手工分拣比例。

无论是烟草、医药、商业，还是其他行业，通过智能化按路向、按客户分拣，都最大程度地满足了客户无差错需求，降低了各种消耗，提高了企业效益。

2.7.7 邮政科学上海研究所

1. 企业介绍

邮政科学上海研究所是我国邮电通信行业综合性高科技企业，以模式识别与人工智能化为主导技术，研制生产各种光机电一体化实用系统设备，具有雄厚的实用技术开发能力，具备经济论证、方案设计、设备开发、系统集成的整体实力和资质。现在高级技术人员 70 余人，博士及硕士生 25 人。多次代表国家科技部、信息产业部、国家邮政局等参加国内外技术活动。相继为邮政、海关、烟草、新华书店等行业提供重大核心设备，并长期与美国、日本、德国等国著名跨国企业保持合作，产品出口世界各地。企业通过 ISO 9001 质量认证体系认证。

2. 自动分拣系统产品展示

（1）产品展示。如图 2－20 所示。

（a）

图 2－20 自动分拣系统产品展示五

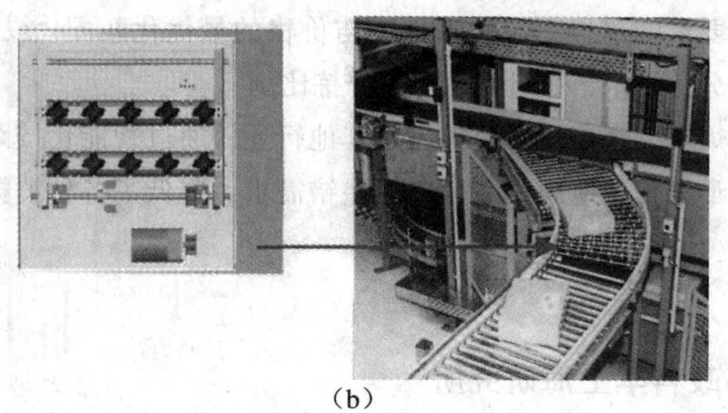

（b）

图 2－20　自动分拣系统产品展示五（续）

（2）分拣系统的实际应用。如图 2－21 所示。

图 2－21　实际应用

3 自动分拣系统应用案例精选

3.1 保管型物流中心中的应用

3.1.1 案例一：日本东贩公司桶川物流中心的分拣自动化

日本大型出版物经销商东贩公司是由出版社共同投资成立的，总部位于东京都新宿区，在日本图书流通市场占有率达40%。东贩公司将自己定位于“承担出版社和读者之间的信息沟通，向出版物销售网点提供高效流通服务的专业化企业”。2005年，东贩公司耗资300亿日元在日本推行书籍连贯流通系统“桶川计划”，希望通过改善服务进一步提高市场占有率。

为了保证“桶川计划”的顺利实施，2005年6月，东贩公司开始在玉县桶川市投资建设全新的物流据点——东贩桶川物流（SCM）中心。从2005年9月起，新物流中心各楼层陆续建成启用，整个物流中心于2007年9月全部落成并正式投入启用。

承担着东贩“桶川计划”核心功能的桶川物流中心，在日本乃至全世界出版发行业界，不仅以规模最大称雄，而且拥有最先进的物流系统和强大独特的流通功能。桶川物流中心引进了日本大福公司的新型书籍专用高速分拣机、料箱自动仓库等先进的物流系统，实现了图书的分拣、出货以及退货处理的高度自动化，在节省人力、提高作业效率与精确度的同时，构建了日本前所未有的出版物流通网络，实现了对遍布全国的书店、出版社的图书销售与物流信息的统一管理，解决了日本出版流通方面各种各样的问题，增加了整个出版界的销售额。

1. 紧跟市场变化构建出版物供应链

据研究，日本拥有庞大的出版发行网络，包括：4200多家出版社，31家分销公司（其中最大的两家占有约80%的市场份额），22000家书店。除此之外，超市、便利店等也销售图书。日本的出版发行机构在地域分布上很集中，90%的出版社和80%的分销商都位于东京地区，以东京为中心辐射全国市场。需要说明的是，日本的出版机构都是从经营期刊起步的，发展到一定规模以后才开始涉足图书出版，因此大多数日本出版社是同时经营期刊和图书的。2006年，日本的出版发行数据如下：杂志3600多种，发行量40多亿册，实际销售近27亿册；图书77000种，发行量12亿本，实际销售7亿多本。

目前，与东贩公司有着业务往来的出版社约有4000家。为满足多样化的读者需求，出版社每年新出版发行的图书约75000种，约是20年前的2.5倍。但是，由于青少年热衷于互联网，日益远离印刷品，图书销售量停滞不前。在这种情况下，书店、便利店（总数约3万家）的退货率也增加了（日本实行图书委托销售制，即在一定期间内，卖不出去的出版物允许书店退货）。现在大约4成书籍最终会被退还给出版社。

与此同时，书店在经营中也遇到了一些难题：①当书店要求送货时，如果经销商没有库存，往往需要在10～14天后才能交货，会导致书店因缺货而影响销售。②书店收货时的验货作业以及退货时的记账单整理与打印需要花费很长时间。③除部分大型书店外，多数书店没有彻底进行库存管理，不能实时掌握库存情况。

“桶川计划”就是为从根本上解决上述问题而提出的。所谓“桶川计划”，就是全国的出版社、书店和作为经销商的东贩公司携手构建出版物供应链管理体系，相互之间信息实时共享，共同做好出版物流通工作。其目的在于，通过把握读者需求以及对需求的预测，减少退货，同时创造新的需求，以增加整个出版界的销量，并削减整个流通环节的损耗。作为实现“桶川计划”的中枢据点，新建了桶川物流（SCM）中心。

2. 物流中心概况

（1）物流中心简介。①占地面积65400平方米，总建筑面积76300平方米。②整个建筑长150米，宽80米，为5层楼构造，最大库容量为80

万种、1800 万册。③物流中心全年（365 天）24 小时运作，每天可迅速完成多达 200 万册书刊的出货与退货作业（如果用 10 吨卡车装载需要 100 辆卡车）。

（2）物流中心的功能。物流中心的不同楼层分别承担着不同的功能，具体如下：①1 楼为书籍订购品中心（桶川 DC 部），负责书店订购货品的分拣、出货，采用多种高速分拣机以及重力式货架和箱式自动仓库，实现订购图书的快速准确出货。②2 楼为书籍退货中心（桶川整品部），负责对书店退回的图书进行检验、分类整理，经自动分拣后退给出版社。③3 楼为书籍货品中心（桶川货品部），负责目前物流中心书籍的存储与保管。④4 楼为 EC 流通中心和书籍定期速递中心，主要针对东贩公司的电子商务业务（网上书店 eShopping Books 是东贩的子公司），完成客户（包括书店、便利店、个人读者等）网上订购书籍的拣选与加急配送。⑤5 楼为出版 QR 中心，是由出版社共同出资在桶川物流中心设立的图书保管区域。出版社为了做到对读者需求的快速响应（Quick Response，QR），将部分图书存放在物流中心，以缩短从接受订单到交货的时间，从而提高整个出版物供应链的运作效率，增大销售机会，降低物流成本。

另外，在物流中心的事务楼内设置了供应链数据中心，负责对各楼层的业务进行统一管理，并掌握出版社和书店的库存信息以及需求预测。紧邻物流中心的另一幢楼为库容量 10 万箱的箱式自动仓库，用于临时存放退货书籍。

3. 技术亮点

（1）先进的物流系统。面对如此繁多的种类和开本规格的书籍，每天完成多达 200 万册图书的出货与退货操作，既要保证准确率，又要讲求速度，实在不是一件轻而易举的事情。为此，桶川物流中心引进了世界上最先进的物流系统。

承担核心功能的 1 层、2 层楼，引进了大福公司新开发的书籍专用高速分拣机以及在输送线上核对书籍重量的自动验货装置等，使物流中心每天可完成 200 万册书籍的订货或退货处理，包括袖珍本、新版［文库或新开版（42 开以下）］、普通开本（B5 尺寸以内）、大开（A4 尺寸以内）等，这些尺寸、重量、厚度各不相同的书籍的分拣、验货作业完全实现了自动化。这样，与以往的人工作业相比，物流中心的分拣、验货的速度得到很大提高，大幅节省了人力，验货错误率也降低到了3/100000以下，提高了出货精确度。

（2）重量称量方法。桶川物流中心还有一个突出的技术亮点：采用重量称量方法对分拣出货作业进行自动检验。出货前称量图书重量，如果每箱图书重量（货箱加上出版物的最大重量不超过15千克，以便于员工搬运）误差超出80~120克，系统就会自动将其剔除。由于每本图书重量本身就存在微小的误差，同时电子秤也有一些误差，东贩公司经过多次试验，最终确定了这样的误差量，现在基本上做到了图书分拣准确无误。

（3）特殊的码放技术。物流中心采用了先进的图书码放技术。物流中心采用高度自动化的图书处理系统后，如何保证图书整齐地码放在包装箱里成为了相当重要的问题。日本开发出“温柔”的图书自动处理系统，以避免损伤图书。措施之一是，为缩短自动分拣出的图书的跌落距离，提升承接图书的箱子的位置等。因为采用了特殊技术，最终图书摞放在箱子里时高度只有5毫米的误差。

4. 桶川物流中心的主要流程

（1）图书接收入库。站台为入出库作业合用，可供42辆10吨卡车同时停靠。收货后在进入自动仓库前可先在托盘货架暂存。有些图书实现了零库存，物流中心事先与出版社联系好，要求其在什么时间送货，货到后不入库，直接上分拣机，然后发运到书店。

（2）订购图书分拣发货。在1楼的书籍订购品中心，采用大福公司高速分拣机，按照订单将不同开本的图书分别放入对应的自动分拣机进行分拣，再经过自动称重检验，确认无误后，给书店发货。

（3）退书处理。书店退回的图书经过外观检验后，被送到2楼。先识读包装箱上的条码，获知退书来自哪个书店，再按照图书尺寸分别投入到不同开本的高速分拣机。退书首先按照大类别——图书开本、出版社进行第一次分拣，然后放入箱式立体仓库（FS）暂存；晚上，对白天粗分入库的图书再按照书名、价格进行第二次分拣，接着对图书进行包装，然后直接退回出版社或者暂存在1楼的托盘货架上。此项工作可以节省出版社大量相应的操作，因此受到出版社的赞赏。

5. 效果

作为系统集成商，大福为桶川物流中心提供了整套解决方案，包括物流系统规划、作业流程优化、软件系统开发、设备生产、项目实施等整个交钥匙工程。该项目花费 3 年时间，经过 4 次试验才最终取得成功。

桶川物流中心全面启用后，对东贩公司、书店、出版社 3 方都带来了令人满意的效果。

（1）东贩公司。对东贩公司来说，以前，物流中心 1 楼和 2 楼的分拣作业全部由人工完成，现在采用自动分拣机，操作人员减少了一半，同时作业面积也大大缩小。以前人工操作时，每天只安排一班作业，现在自动化物流系统可以全天运作不停机，处理量大幅攀升。更为重要的是，在物流效率提高、物流成本降低的同时，由于减少了图书损耗和分拣差错率，东贩公司的客户服务水平显著提高。另外，书店的销售和退货记录可以被及时地收集到物流中心数据库的计算机中，借助强大的信息系统，书店、出版社、经销商都可以实现信息的实时共享，以便随时得到书籍销售、库存、位置等信息，大大完善了出版物供应链管理体系。

（2）书店。对书店来说，最直接的效益是减轻了书店的日常作业量。现在到货时无须再进行验货，退货时也不再需要出具记账单，只需将退书进行包装即可。同时，书店可以根据 POS 数据分析顾客需求，根据正确的配货与退货数据了解库存量，做出合适的要货计划，避免过去因为需求预测不准导致缺货造成的销售损失。

（3）出版社。对出版社来说，可以通过及时掌握市场销售和退货与配货信息，对市场动向作出快速反应，防止读者流失；并且可以据此制订适当的再版计划，降低滞销风险。同时，借助出版 QR 中心，可以将退货快速重新包装并出货，实现了供需的平衡，也省去了不必要的重复作业，降低了运输等多项物流费用。

3.1.2 案例二：自动分拣系统在日本东京烟草物流中心的应用

日本东京烟草物流中心是一个精密、快速、无人化、综合了高科技的自动化物流中心。每天来自全日本香烟制造公司和保税仓库的60辆大型货车的香烟，通过高级计算机的处理和自动化设备的作业，从入库到出库，物流量的90%完全实现自动化处理。平均一年处理600亿支香烟，为30000个香烟零售店配送货品。平均拣选一条香烟时间为0.11秒。一条香烟重量约0.2千克，这个拣选速度已经达到了物理极限。

1. 物流中心概况

(1) 占地面积：27383平方米。

(2) 建筑面积：11373平方米。

(3) 楼房：4层。

(4) 楼面面积：42019平方米。

(5) 地址：东京千叶县船桥市。

物流中心每天有60辆大型货车的香烟入库，同时按照香烟零售店要求，分别进行拣选、分类、包装和配送到中转站或零售店，一年处理的香烟数量相当于全日本销售量的1/5，其作业效率很高，上午接到订单，下午立即拣货、包装，并配送到中转站，次日中午送到分店。

2. 业务流程

香烟生产厂家运来的产品以托盘为单位进入自动化立体仓库，根据各零售商店要求的香烟品种和数量把香烟装在塑料箱中后再集合成托盘。其分拣的业务流程可分为4类：

(1) 以条为单位自动分类（4楼）：销售量最大的80种香烟占物流中心处理量的68%，对于这部分香烟使用条烟自动拣货设备进行自动化分拣。条烟自动拣货设备首先自动进行拆卸托盘，进入整箱流动式货架，开箱机开箱处理，以条为单位拣货装箱，再把箱装在托盘上，实现无人化的发货。

(2) 人工拣货（3楼）：在3楼是人工拣选设备。比较不畅销的产品或难用自动化分类处理的产品，则以条为单位或5包一装，由人工电子显示来拣货（占7%）；看单拣货占0.3%。其作业过程是通过卸托盘机、箱式流动货架、开箱机后，进行电子拣货或看单拣货，之后经过装托盘机后，以托盘为单位发货。

（3）电子拣货线：不好销售的品种和难以自动处理的产品可用电子显示器人工拣货。分拣人员按照货架上亮灯显示的数量拣选。如果拣选数量不正确，则亮灯提示拣选错误。

（4）以托盘为单位发货：同一品种也有以整个托盘进行发货的。这占总处理量的5%。

3. 设备能力

从入库到发货的作业过程中，许多自动化设备发挥了重要作用。简介如下：

（1）自动化立体仓库。来自全日本的各工厂和保税区的香烟，以托盘为单位，进入自动仓库保管。在分货处理时按先进先出的保管原则自动进入卸托盘机。产品在入库前在每个托盘上要帖条码，托盘规格为1100毫米×1100毫米，每层可堆放4个箱子，可放8层，即每个托盘堆放32个箱子。

（2）自动卸托盘机。自动卸托盘机在计算机的指示下，从自动仓库送来的托盘上以4箱为单位取出箱子，并把箱子方向调整为同一方向，以便条码识别机自动识别。之后通过滚轮输送机把箱子移载到箱式流动货架上。为了满足作业量需要在4楼有8台自动卸托盘机。

（3）流动货架。箱子送入流动货架暂存，之后按开箱机要求，以箱为单位送出，以便开箱作业。这组箱式流动货架有60列×6层=360间口，此外还有整条烟的流动货架，这个流动货架有120列×5层=600间口。

（4）装箱机。装箱机在计算机控制下完成自动拣货。来自流动货架的一条条香烟，以0.11秒速度进入各自相应的输送带，一条条香烟在输送带前端排成一列，以30条为单位装在塑料箱中，装一箱时间只要3.3秒，其速度是相当快的，在塑料箱上，贴有零售店的名称和有关配送信息的标签。

（5）装托盘机。把装满香烟的塑料箱按6箱×6层的堆积方式自动堆放在托盘上。为了配送时取下方便，塑料箱的放置顺序是按用户远近来堆放，远的在下，近的在上。

（6）自动拣货线。用机械手把整箱香烟自动拣取后并堆放在托盘上以备发货。

3.1.3 案例三：自动分拣系统在药房的应用

上海第一医药商店从德国引进，并于2006年10月底正式投入使用了亚洲第一套自动化药房系统。该自动化药房的“中枢”是设在商店6楼仓库的自动化出药系统，它集中了原有的药品销售、药品出样、内仓储存3大功能。仓库实行智能化管理，最多可放置60000盒左右的药品，所有的操作都由机械手完成。

当消费者告诉店员想买某种药品后，店员只需在电脑上选择该药品，同名药品的生产厂家、规格、用途、保质期等相关信息马上在屏幕上显示出来。消费者选定想要的一种后，店员轻按按钮，6楼库房内的主机马上根据指令，用两只机械手搜索出指定的药品放进出药管道，快速升降梯以每秒3.5米的速度将药输送到取药处。抵达2楼任何销售点只需要12秒，到1楼任何销售点也只需要20秒。该套系统的应用不仅提高了售药的速度；而且可以避免人为的误操作导致的风险。因此，该系统具有较传统药房的3大优点：

（1）用药安全。传统的药房，由店员取药，可能会出现因人为原因导致的拿错药的事故。

（2）减少等候时间。既减少了顾客等候的时间，机械手也把职业药师“解放”了。传统的药房中，药师忙于取药，往往无暇给患者提供药学服务，也无法给患者讲解药品安全知识。

（3）保证药品质量。长期放置于柜台和传统库房中的药品，湿度和温度难以很好控制，药品容易受潮变质，但该系统可以很好地监测温度、湿度，避免药品到了顾客手上时已变质。

3.1.4 案例四：自动分拣系统在顶峰电子公司的成功应用——提高生产率、增加回报

1. 传统分拣系统与现代分拣系统

（1）传统分拣系统。在传统的货品分拣系统中，一般是使用纸制书面文件来记录货品数据，包括货品名称、批号、存储位置等信息，等到货品提取时再根据书面的提货通知单，查找记录的货品数据，人工搜索、搬运货品来完成货品的提取。在这样的货品分拣系统中，制作书面文件、查找书面文件、人工搬运等浪费了巨大的人力物力，而且严重影响了物流的流动速度。随着竞争的加剧，人们对物流的流动速度要求越来越高，这样的货品分拣系统已经远远不能满足现代化物流管理的需要。

（2）现代货品分拣系统。如今，一个先进的货品分拣系统，对于系统集成商、仓储业、运输业、后勤管理业等都是至关重要的，因为这意味着比竞争对手更快的物流速度，更快地满足顾客的需求，其潜在的回报是惊人的。其优势主要表现在以下几个方面：①建立一个先进的货品分拣系统，结合有效的吞吐量，不但可以节省数十元、数百元甚至数千万元的成本，而且可以大大提高工作效率，显著降低工人的劳动强度。②使企业完全摆脱了使用书面文件完成货品分拣的传统方法，采用高效、准确的电子数据的形式，提高效率，节省劳动力。③可以快速完成简单定货的存储提取，而且可以方便地根据货品的尺寸、提货的速度要求、装卸要求等实现复杂货品的存储与提取。④分拣工人只需简单的操作就可以实现货品的自动进库、出库、包装、装卸等作业，降低了工人的劳动强度，提高了效率。⑤只要结合必要的仓库管理软件，就可以真正实现仓库的现代化管理，充分实现仓库空间的合理利用，显著提高企业的物流速度，为企业创造、保持市场竞争优势创造条件。

2. 自动分拣系统提高顶峰公司的物流速度

（1）顶峰公司应用的分拣系统概况。顶峰（Zenith）电子公司位于亨茨维尔市 14864 平方米的仓库，采用 AIDC 技术改进货品分拣系统，从出货到装船，实现了全部自动化操作，显著改善了该公司的物流管理。这套系统在基于 Unix 的休利特·帕卡德 9000 上运行美国 ORACLE 公司的数据库。服务器由 4 个 900MHz 的 Norand RF 工作站组成，它连接各个基本区域，每个区域支持 20 个带有扫描器的手持式终端。订单从配送中心的商务系统（在另一 HP 9000 上运行的）下载到仓储管理系统（WMS），管理系统的服务器根据订单的大小、装船日期等信息对订单进行分类，实施根据订单分拣与零星分拣两种分拣策略，并且指导分拣者选择最佳分拣路线。

（2）分拣策略。

①根据订单分拣货品。如果订单定货数量比较大，可以根据订单，一个人一次提取大量定货。货品分拣者从他的终端进入服务器，选择订单上各种货品，系统会通过射频终端直接向货品分拣者发送货品位置信息，指导分拣者选择最优路径。货品分拣者在分拣前扫描货柜箱上的条码标签，如果与订单相符，直接分拣。

完成货品选择后，所有选择的货品经传送设备运到打包地点。扫描货品目的地条码，对分拣出来的货品进行包装前检查，然后打印包装清单。完成包装以后，在包装箱外面打印订单号条码（使用 CODE 39 条码）。包装箱在 UPS 航运站称重，扫描条码订单号，并且把它加入到 UPS 的跟踪号和重量信息条码中，这些数据，加上目的地数据，构成跟踪记录的一部分上报到 UPS。

②零星分拣货品。小的订单（尤其是 5 镑以下定货）的分拣或者单一路线货品分拣，直接将订单分组分派给货品分拣者，每个分拣人负责 3～4 个通道之间的区域。货品分拣者在他负责的区域内，携带取货小车进行货品分拣，取货小车上放置多个货箱，一个货箱盛放一个订单的货品。如果货架上的货品与订单相符，就把货品放进小车上的货箱，并且扫描货箱上条码序列号。在货品包装站，打印的包装清单既包括货品条码也包括包装箱序列号。

（3）应用效果。这一系统方案为顶峰电子公司遍及全美的服务区域提供了电视、录像装备，实现远程监控与定货，装船作业在接到订单 24～48 小时内完成，每日处理订单达到 2000 份。应用这一系统，顶峰公司绕过了美国国内 60 个、国外 90 个中间商，把产品直接输送到个人服务中心，缩短了产品供应链，大大降低产品的销售成本，显著提高了顶峰公司的市场竞争能力。

新的货品分拣系统也为 WMS 的成功作出了巨大贡献，装船准确率增长到 99.9%，详细目录准确率保持在 99.9%；货品分拣比率显著提高，以前，货品分拣者平均每小时分拣16次，现在是120次。由于这一系统的运用，劳动力减少到原来的1/3，从事的业务量增加了26%。尽管公司保证48小时内出货，实际上99%的UPS定货在15分钟内就能完成，当日发出。

3.2 中转型物流中心中的应用

3.2.1 案例一：长春烟草物流中心自动分拣技术应用

卷烟商业配送中心面向全国卷烟工业企业购入卷烟，向行政区划内持有卷烟销售许可证的零售商商户销出卷烟，以件为单位进货，以条为单位配送出库，是十分典型的流通加工型配送中心。面对当前国内卷烟配送趋于多规格、小批量，配送卷烟的种类、数量和经营户数量急剧增加的发展状况，传统的低效率、易出错的人工分拣方式已经不能满足市场需要。因此，各地卷烟配送中心纷纷采用先进的信息管理系统和物流设备，以全新的作业流程替代传统的物流运作模式，大幅提高作业效率和客户服务水平。在这一过程中，既有集国外一流系统与设备建成的具有国际领先水平的卷烟物流中心，也有以实用、适用、够用为原则建立的一大批地区级卷烟物流中心。吉林省烟草公司长春分公司（以下简称“长春烟草”）物流中心就是后者中的典型。

1. 物流中心的基本情况

长春烟草下辖南关、宽城、朝阳、二道、绿园5个区级烟草专卖分局（营销部），农安、榆树、九台、德惠和双阳5个县级烟草专卖局（营销部）。长春烟草物流中心平均每天要满足2000个客户的需求，完成1500件烟的分拣配送量。在长春市724万人中，农村人口就有400多万人，这决定了长春市卷烟市场结构偏低。在这种情况下，长春烟草认识到，物流中心的建设不能一味追求先进性，只有选择适合自己实际的物流系统，才能在满足客户需求的同时降低物流成本。

长春烟草物流中心主要由卷烟自动存取系统与设备、条烟分拣系统与设备、管理信息系统3部分组成。卷烟存取采用立体仓库系统，成品烟存储量为5000大箱。每天的条烟分拣量都在10000箱以上，采用两组A字形自动分拣线（也称为“A形架”），分拣工人70人左右，分两班作业。每天上午接受零售商户的订单，经过信息系统处理，下午两点开始分拣作业，然后按照配送线路装车，第二天一早配送到户。信息中心依托管理信息系统，完成长春市内（外县）卷烟销售点的信息采集、电话订购、订购信息处理与分拣单生成等工作。

2. 物流中心概况

（1）库存量：标准库存量5000大箱（25000件）；以托盘承载，20件/托盘。

（2）入库量：400件/车，20分钟/车。

（3）卷烟种类：约140种，每天配送卷烟种类约100种。

（4）订单处理量：2000个用户/天，日配送流量1500件/天。

（5）发货：自有配送车辆30辆，依维柯和金杯车各15辆，3~6辆车同时发货。

（6）工作时间：发货3小时（早班，8：00~11：00），分拣6小时（晚班，14：00~20：00）。

3. 物流中心的规划设计

科学专业的规划设计是保证物流中心高效运作的关键。长春烟草物流中心的设计原则如下所述：

（1）按30条送货线路（对应于30辆送货车）对订单进行归类。每天要完成2000个订单的送货任务，平均每条线路约完成67个订单。

（2）分拣作业区有两组A字形自动分拣系统，每条分拣线左右两侧分别处理各自的订单，两条线可同时处理4个订单。按4条分拣线对发货线路进行归类，设定30条配送线路，平均每条分拣线对应7.5个发货方向线路，即502个订单。

（3）在分拣作业时，每一组分拣系统按照对应线路的订单次序逐单分拣，同时可保证分拣烟箱码放和发货的顺序，这样4条分拣线可同时分拣4条发货线路的订单。

（4）一般情况下，头天下午至晚上为第二天一早的发货做好分拣和备货准备。

在整个物流系统中，分拣系统的设计尤为关键。分拣作业区要完成的工作包括：重力式货架的件烟补货、A 字形自动分拣机的条烟补货、条烟自动分拣、特品条烟分拣等工序。分拣作业区主要包含两组相对独立的 A 字形自动分拣线，可同时进行 4 个订单的分拣工作。

首先进行 A 字形自动分拣线的规划。按照长春烟草的实际业务数据，在全部约 140 个卷烟品种中，除发货量最大的两个品种（A 类，平均 7 条/单）和次大的 3 个品种（B 类，1 条/单左右）外，其余品种所对应的分拣量远低于 1 条/单（包括 C 类、D 类）。因此，设定 A/B/C/D 类烟每个品种所占分拣烟道数分别为 6/2/1/1 道。而每天分拣的品种数为 100 个左右，所以 A 字形自动分拣线总烟道数共需 $6\times2+2\times3+1\times82=100$ 个。A 字形自动分拣线由左右两条分拣线组成，每台分拣机两侧各有 20 个烟道，整条分拣线共有 200 个烟道。

再考虑重力式货架的规划。为方便补货，同时兼顾重力式货架的合理有效利用，每天分拣的卷烟按两种类型来处理。一类是基本上每天都有需要的卷烟（包括 A/B/C 类），约 100 个品种，这类烟从重力式货架补货（上件烟）；另一类是几天才分拣一次的卷烟（D 类），约为 60 个品种，这类烟从北侧和南侧靠墙的搁板式货架补货，其中有 20 个当天分拣。对应于 A 字形自动分拣线，重力式货架对应于每个 A/B/C 类烟道需要 1 个补货货格。重力式货架有 3 层，每排需要的货格为（140－40）/3＝33 列，实际每排货格数为 36 列。

4. 不断优化物流系统

（1）最初作业流程。配送中心最初建成时，长春烟草物流中心的主要作业流程如下：

①入库流程。在入库作业区，工人从送货卡车上取下烟箱码放在托盘上，整托盘卷烟被堆垛机送入立体仓库存放。入库作业时使用的空托盘组，由信息系统通知堆垛机从立体仓库中调出后送到 1 楼出库站台，然后由工人用手推车叉下送到入库作业区，以备入库装盘时需要。

②分拣流程。香烟被放上 A 字形分拣机后，通过分拣程序被自动分配到传送带上，再通过激光打标机自动打标，如图 3－1 所示。

图 3-1　A 字分拣机作业情况

香烟经过点数机（按客户需求隔离），由分拣员根据分拣程控室提供的“分拣详单”，单条装入周转箱，箱上粘贴箱号，之后装车送到各终端零售商户。发货时，配送人员事先要到分拣程控室领取分拣详单，根据分拣详单和箱号相对应，把香烟分送给零售商户。

但是，经过一段时间的运行，长春烟草发现上述作业流程容易产生如下问题：

①分拣工作量大：由于是单条装箱，在三班倒的工作模式下，夜班工人经常要工作到深夜两三点。

②装烟错误率高：由于全部是人工操作，经常出现“串烟”现象。

③信息化程度低：由于按照分拣程控室提供的分拣详单装箱，无法实现针对每个卷烟零售户的实时信息管理。信息无法实时更新，出错反查的难度很大。

④外包装形象差：由于是单条卷烟直接交给客户，没有外包装，给卷烟零售户的形象感觉差。

⑤送货差错率高：由于送货时需要同箱号对应，人为出现差错的概率大大增加。

（2）当前作业流程。2006 年 10 月，为了解决卷烟分拣作业存在的问题，更好地服务于广大卷烟零售商户，长春烟草决定对现有流程进行调整。在引进了叠层自动套膜封口热收缩包装机和高速标签打印机，分别用于自动分拣后的卷烟包装与外包装加贴标签后，新的分拣、配送作业流程如下：

经A形架自动分拣、打标后的香烟经过点数机（按客户需求隔离）后，进入叠层自动套膜封口热收缩包装机进行包装，如图3-2所示。

图3-2 叠层自动套膜封口热收缩包装机

包装好的香烟由分拣员与计算机显示的分拣信息进行核对，准确无误后粘贴，同步打印、输出的外包装标签（包含零售商户信息及其所需香烟信息），并装入周转箱如图3-3所示。

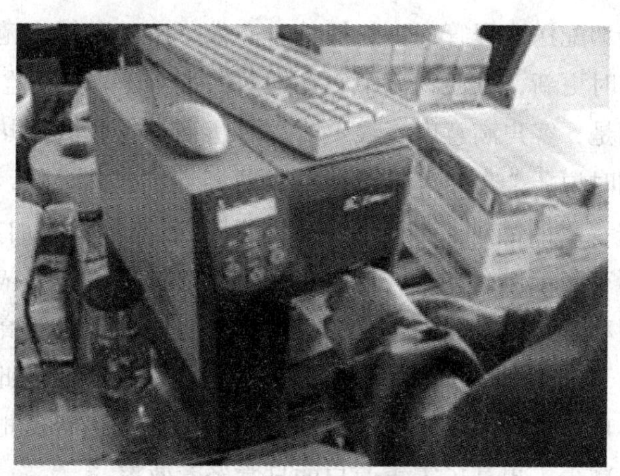

图3-3 打印外标准标签

配送人员根据包装上的标签信息将卷烟分送到终端客户。

在此次流程优化过程中，基于现场应用特点，长春烟草物流中心对于标签打印机的选择标准主要为：设备的质量与耐用性，设备的打印操作便捷性，设备的品牌与知名度，设备的性价比及可升级性，设备的环境要求。最终，长春烟草物流中心选择了在市场上有良好口碑的斑马 Z4Mplus 工业及商用条码打印机。该打印机的处理速度为254 毫米/秒，输出标签快速、高效，可以在变量信息应用等高要求的工作任务中增加产出，减少等待时间。

5. 应用效果

采用新的工作流程后，各方反应良好。长春烟草物流中心的经济效益与社会效益也明显上升。

首先，物流作业效率大幅度提高，配送差错率大幅降低。系统分拣能力由原来的每条分拣线每小时分拣 3000 条卷烟，提高到现在的 5000 条，工人每班的工作时间减少了 1.5 ~2 小时，加班现象基本杜绝了。分拣员反应：新的工作程序简单明了，由分拣屏幕的“一户一屏”信息替代了“分拣详单”，明显减少了以前比对过程中发生的错误，大大提高了工作效率，减少了由人工点烟条装箱操作失误造成的多烟、少烟、串烟现象。运送员反映：由外包装上的标签替代了“分拣详单”与箱号，根据标签送货到户，简化了工序，也杜绝了串烟现象的发生。

其次，卷烟配送流程管理更加规范、高效。由于贴标规范、信息反馈及时、系统实时更新，方便物流中心在配送的各个环节实施监控。

更重要的是，客户满意度直线上升。零售商户在收到用热收缩薄膜套膜包装的卷烟时说：“这种薄膜包装不仅防潮、抗摔、轻便，能让我们清晰辨别出送来卷烟的品牌、数量及包装情况，还使验货更加方便、快捷；而且比原来更有利于保存卷烟，既节省了空间，又能防潮、隔味，给经营带来很大的便利。”同时，由于热收缩薄膜包装技术含量较高，非法烟贩不易模仿，对于卷烟商户辨别假冒卷烟能够起到积极作用。此外，外包装膜上标注的客户名称、编号、地址等信息清楚明确，送货员把卷烟送错客户的现象明显减少，提高了零售商户的日常经营效率。

取得显著成效的长春烟草物流中心将持续改进、优化物流系统作为今后的目标。

3.2.2 案例二：高效卷烟分拣系统在秦皇岛市卷烟物流中心的实现

秦皇岛市卷烟物流中心规划年销量11万箱，面向全市卷烟零售点进行配送。普天物流技术有限公司作为河北省烟草公司卷烟物流中心的物流系统集成商，承担了秦皇岛市卷烟物流中心工艺设备的建设与集成工作。目前，新建设的秦皇岛市卷烟物流中心已经运行超过半年，实现了全部业务向新物流中心的成功转移，并实现了全市销售卷烟统一分拣到户、统一配送的目标。

1. 物流中心概况

新建成的秦皇岛市卷烟物流中心仓储采用3层托盘货架，分拣采用一条自动分拣线。

由于卷烟物流日处理量大，日订单多，分拣一直是卷烟物流的核心。在秦皇岛市卷烟物流中心运行的卷烟分拣系统，根据每日订单情况的不同，实际分拣效率在15000～22000条/小时，平均在17000条/小时左右，极大地提高了配送中心的作业效率，减少了操作人员数量，降低了工人的劳动强度。引入该系统后，每天下午4点半左右，物流中心即可结束当天分拣任务，做到了工人轻松上班、按时回家。

2. 卷烟分拣系统构成

秦皇岛市卷烟物流中心采用的卷烟分拣系统由计算机信息管理子系统、计算机监控子系统、总线自控子系统及机械部件组成。其中，计算机信息管理子系统是实现和业务访销数据对接的接口软件，其功能包括：读取订单数据进行优化，产生烟道动态分布表，生成分拣计划、补货计划以及备货计划，为分拣系统进行分拣作业提供数据。计算机监控子系统由备货监控系统、补货监控系统、分拣监控系统、自动叠烟裹膜监控系统4部分组成，是信息系统与控制系统之间的连接纽带，实现对设备的指挥调度和设备实时监控，是设备操作的终端，提示设备运行的故障及处理。

3. 卷烟分拣流程

由于目前秦皇岛市烟草公司采用的是第一天访销、第二天分拣、第三天配送的运作模式，每日分拣的订单均是前一天通过访销获取的。这样，在每日访销工作完毕后，分拣系统即可对此部分数据进行优化处理，并向仓储部发送备货请求，当日即可对次日需要分拣的件烟进行备货。这样做的好处是可以缩短第二天启动分拣的准备时间。

(1) 件烟备货。件烟备货主要分两个环节：

一是叉车按照车载终端的提示将需要的件烟从仓储区取出，放置在件烟平置备货区。这个操作是在前一天下午完成的。

二是当日分拣开始之前，件烟备货人员根据系统提示将托盘上的件烟放入输送线。件烟经提升机等输送设备进入备货道，每个备货道可存放35件，比每个托盘30件还多5件。这样，在备货道还有5件时，系统就可以下指令给备货人员拆盘，且一个托盘一次性拆完，避免对一个托盘进行多次重复操作，增加不必要的人工反复。

整个备货系统由14个备货道组成。备货系统的作用，一方面在于实时补货；另一方面是将分拣过程中对不同品规零散的需求转化为规模化的需求，以降低备货人员工作的刚性，减少工作人员的重复操作，从而减少备货人员数量。

备货系统吊装在空中，不影响地面空间的使用。备货系统下方可用于空笼车的堆放等。

(2) 件烟补货。暂存在备货道的卷烟，根据分拣补货的需求，实时地将需要的件烟自动送入补货输送线。由于卷烟是严格按照线路内客户的顺序进行分拣的，所以件烟补货也需要有严格的顺序，备货系统能准确按照需要的顺序将件烟自动送入补货输送线。为了提高系统的准确率，在备货系统的出口处还设置了扫描器对每件烟进行复核，以确认是需要的件烟以及正确的顺序。

在件烟补货线上共设置了3个开箱工位，3个开箱工位的工作相同。每个开箱工位配备1个人，每人每小时平均开箱100~150件烟。通过合理设计，开箱人员只需要打开箱盖，将烟箱轻轻地推入推烟位置，并确认到位后，按确认到位按钮，则本件烟补货的人工操作就完成了。剩下的工作由设备自动完成。推烟机构与条烟缓存段联动，将件烟内部的50条烟完整地推入条烟缓存段，空箱即由设备自动输送到空箱收集皮带机上。

3个开箱工位的空箱通过输送线实现了集中回收，工作人员只需要在固定的位置收集空箱即可。与以往的案例相比，空箱回收更加隐蔽、动线更加顺畅、现场更加整洁。

（3）条烟补货。条烟补货一直是条烟分拣中工作繁重的部分。怎样降低条烟补货的劳动强度，提高人均条烟补货的效率，一直是卷烟分拣中备受关注的问题。由于立式烟仓的人均补烟效率一般在1500～2000条/小时，在本系统中采用了小车进行条烟补货，将补货人员从繁重的条烟补货工作中解放出来。补货人员只需进行开箱操作即可，人均补烟效率大幅提高至5000～7500条/小时，在人均劳动生产率提高的同时，劳动强度大大降低。

在本系统中，补烟小车的效率可达144件/小时（一件烟50条），共配置了3台小车，且3台小车位于同一轨道上，相互可以调度使用。小车采用无线通信和滑触取电。当小车出现故障时，可便捷地将其从轨道上抬下来，余下的小车可继续执行所有烟仓的补货操作，不影响系统继续运行。

（4）条烟分拣。条烟分拣是本系统中比较复杂的部分。经过反复分析和比较，本系统采用了48个卧式烟仓+30个立式烟仓的配置，每个烟仓均可对应一个独立的品规进行分拣。这样配置最大的好处是对业务的适应性更强。而本项目并没有采用通常在其他项目中使用的通道式烟仓，就是考虑到通道式烟仓对订单数据的选择性强，不利于今后业务的发展。

本系统采用的卧式烟仓单仓存量达80条，比一件烟50条还多30条，目的是在启动条烟补货操作、但条烟还没有补到位的这段时间内，烟仓里的条烟还可供继续分拣，所以本系统中的卧式烟仓可以实现一个烟仓对应一个品规。与其他案例相比，在本项目中，同样数量的卧式烟仓分拣的品规数可以翻倍，极大地提高了卷烟分拣的自动化程度。在实际运行中，大部分情况下，卷烟销量的98%以上都是在卧式烟仓上完成分拣的。C类烟品规多，但一般不超过30个品规，销量少，通常放入立式烟仓中；一般情况下也不需要混仓处理，避免了混仓处理带来的潜在不稳定因素。

在分拣主线上，本系统采用3层结构，78个烟仓分布在3层主线上，主线上的烟仓分别是 16 个、16 个和 46 个。理论上，每个订单在分拣前，都会被系统拆分成 3 个执行订单，由 3 层主线独立进行处理，然后进行合单。

合单分两次完成，其中两层线合单后，再与另一层进行合单。由于缓存设置合理、相互等待少、合单效率较高，可同时在合单处进行条烟打码。

（5）条烟包装。合单完成后的条烟随即进入包装系统，本系统共设置两台包装机。由于包装前的缓存设置合理，包装效率得以最大化发挥，两台包装机实际运行过程中效率最高可达 22000 条/小时。

条烟在经过叠烟、裹膜、加热、冷却收缩后，就完成了包装过程。包装膜是一次性使用的，充分保证了卷烟在配送过程中的安全性，使各环节之间的交接变得简单、安全、高效。

为了确保每包卷烟被准确地送达不同客户处，还需要在裹膜包上贴标。本系统采用了自动贴标方式。当裹膜包通过自动贴标机时，贴标机会自动将打印出来的本包的标签准确地贴到裹膜包上面，不管裹膜包大小，均能贴上。不仅节省了人力，还提高了贴标的准确率，避免了人为错误的发生。

（6）发货暂存。贴好标的裹膜包由工人放入笼车，每个笼车对应一条配送线路。笼车装满后，由工人推到指定位置暂存，分拣工作就完成了。

4. 技术亮点

尽管秦皇岛市卷烟物流中心在全国卷烟行业中规模较小，建设得也比较晚，但由于采用了国内烟草物流领域的最新技术和设备，充分发挥了后发优势，并经过实施方的精心组织、精心施工、精心管理，最终成为全国卷烟物流中心里少有的典范工程。

该项目的以下技术亮点值得称道：

①采用了最新的 3 层主线分拣及合单技术，极大地提高了设备的分拣效率，设备效率稳定运行在 15000 条/小时以上，最高达 22000 条/小时。

②烟仓容量大（高达 80 条/仓）、调度灵活，对不同订单的适应性极强。

③自动补货率高，达到 95% 以上，且补货顺畅，可实时满足分拣

需要。

④用人少，系统采用人性化设计，人员操作简单高效。

⑤设备高度集成、外形统一协调，与分拣效率相同的设备相比占地面积小。

3.2.3 案例三：白沙物流有限公司卷烟配送自动化物流系统

1. 案例背景

湖南白沙物流中心是深圳市白沙物流有限公司与长沙市烟草公司共同投资兴建的一座现代化的综合性物流配送中心，目标是提供物流配送服务。一方面，提供卷烟配送服务，首先为长沙地区卷烟零售商提供一级配送服务；另一方面，面向社会，为长沙地区“日用消费品”的零售商提供物流配送服务。

2. 自动化物流系统概况

白沙物流有限公司卷烟配送自动化物流系统主要由自动化立体仓库、全自动化高速条烟分拣线、电子货架辅助拣选系统3大部分组成。

自动化立体仓库由托盘库、件烟库组成；托盘库可满足存量及快速、大批量出入库的要求，但无法同时满足小批量出库的要求；件烟库以件烟为处理单元，弥补托盘库以上不足，同时可实现件烟按单分拣出库及对分拣线全自动补货。

全自动化高速条烟分拣线主要由10台通道式分拣机、44台通道塔式分拣机及相关输送设备构成，可实现快速按单分拣烟条。通道式分拣机可实现5条/次的分拣要求，高速完成单品数量较大的订单，其中水平补货通道的设置可实现整件补货，降低了分拣机补货难度，通过对补货通道长度的配置可有效减少补货频次；塔式分拣机可满足1条/次的分拣要求，对单品数量不为5的倍数（通道式分拣机无法实现分拣）的订单进行分拣。自动化高速分拣线大大减少了分拣人员，同时从人机工程学的角度出发，降低了相关作业工人的劳动强度。

3.3 生产型配送中心中的应用

3.3.1 案例一：神州数码上海物流配送中心

神州数码上海物流配送中心是国内承建的第一座自动化物流配送中心，也是自动化程度相当高的物流配送系统。该系统全面应用自动化立体库技术、RF无线射频技术、分区拣选技术、作业优化技术、ERP接口技术等，成为我国物流配送系统的标志，并具有广泛的应用前景。

1. 国内外物流配送系统基本状况

自动化物流配送系统在20世纪70年代已在日本及欧洲得到应用，到1990年达到高潮。这主要得益于两方面技术的快速发展：其一是微电子技术的发展，如计算机设备、自动控制设备（现场总线设备）、数字识别装置（条码设备、RF设备等）、光电设备（激光装置、红外通信装置等）；其二是计算机软件技术的发展，如数据库系统（尤其是大型数据库系统在微机上的应用和普及化）、网络技术（LAN、Web技术等）、ERP系统等。

目前，发达国家的物流配送技术，尤以欧洲最为先进。其主要设备及技术包括：

（1）自动化立体库系统。包括高度超过30米、货位数超过50000个的大型仓储系统。

（2）自动化输送系统。包括单元化输送系统和拣选系统是物流配送中心的又一个标志，也是当前倡导的物流系统无纸化作业的基础技术，现已得到广泛应用。

（3）计算机技术及网络技术。这是自动化物流配送系统的基本支撑体系，无法想象离开数据库和网络，物流系统会是一个什么景况。

（4）ERP接口技术。这是最近5年才出现的专门技术，是物流配送中心真正向外延伸的必由之路。ERP系统所体现的不仅是管理系统本身，它更是信息化的基本体现。与其类似的系统包括SCM（供应链管理）系统和CRM（客户关系管理）系统等。

中国物流技术的发展则经历了一个缓慢且漫长的过程。从1970年开始引入“物流”概念，到2000年才有机会发展到建设有一定规模的物流配送系统。相比日本和欧洲（它们用了10～15年时间），这段时间显得过长。虽然在个别技术（如自动化立体库技术）有比较清晰的发展轨迹，但总体看来，无论是关键技术（单机设备和技术）还是系统集成技术，均远远落后于发达国家。

神州数码物流配送中心于2002年建成，稍稍缓和了这种尴尬局面，并且在关键技术上有一个飞跃。

2. 神州数码物流配送中心设备基础构成

在此之前，神州数码作为国内最大的IT分销商，年度分销总额约70亿元人民币。随着分销业务的增加，企业感到以前的配送方式已不能满足业务发展的需求。2001年，神州数码在北京建设物流中心，采用高架仓库进行存储，没有配置自动化物流设备。由于上海业务的快速增长，神州数码意识到上海将取代北京成为全国的物流中心，将自动化物流作为一个重点内容，旨在提高系统的处理能力，并期望3年后达到北京的业务能力，日处理能力达到750份订单，并要求市内配送在2小时内完成。图3－4为神州数码上海物流配送中心效果。

图3－4　神州数码上海物流配送中心效果

设计后的神州数码物流配送系统是一个典型的自动化物流配送中心，其基本构成包括以下几部分：

（1）自动化立体库系统。自动化立体库系统是神州数码物流配送中心的重要组成部分，存储能力为7384个标准托盘位。配置4台快速堆垛机进行托盘存取作业，存取能力约8小时1600个托盘，如图3－5所示。自动化立体库系统设计了入库输送系统和出库输送系统。其中，入库输送系统主要由辊子输送机和链条输送机构成，出库输送系统则由链条输送机和穿梭小车构成。

图3－5　自动化立体库系统

与传统的设计不同的是：自动化立体库系统不仅作为一个存储中心，还具有在线拣选和AA区的快速拣选功能。

（2）AA区快拣选系统。本系统的创新之一是自动化立体库的快速拣选区设计。根据物料的拣选特点，系统定义54种特别频繁的拣选物料作为快速拣选物料，储存在一巷道的第一层；并设计专门的拣选辅助设备和RF设备，完成物料的拣选。物料的补充则自动在立体库中完成。

（3）托盘在线拣选系统。托盘在线拣选是本系统的又一重要特征。对于拣选不频繁出入库的物料，本系统设计 6 个在线拣选点，配置 RF 系统完成拣选操作。实际运行表明，在线拣选具有很多优点，如拣选的便捷、集中拣选、柔性拣选等。目前，有 30% ~40% 的物料通过在线拣选完成。图 3 –6 为在线拣选系统。

图 3 –6　在线拣选系统

（4）阁楼拣选系统。对于小件物料，系统提供阁楼拣选系统。其配置 800 个拣选位置，其中流力式拣选位置 36 个。小件拣选的操作在 RF 上完成，如图 3 –7 所示。

图 3 –7　小件拣选货架

(5) 平置堆放区。对于大件物料，如服务器、机柜等，以及大宗物料，如笔记本电脑、打印机等，设计平置堆放区。通过设计虚拟货位号和提供 RF 辅助拣选手段，极大地丰富了物流系统作业的灵活性。

(6) 拣选输送机系统。各拣选区的物料运输通过一套拣选输送机完成。在物料缓存区，操作人员通过标签识别不同单据的物料。

(7) 集成化物流管理系统。集成化物流管理系统是本系统的灵魂。它不仅提供了各拣选作业的后台支持和数据分析手段，集成化物流管理系统还提供与 SAP R/3 的接口，提供 RF 的系统的支持等。

3. 神州数码物流系统的主要工作流程

(1) 物流的接收、注册及入库。收货员根据采购订单在 ERP 系统中进行收货。ERP 系统将自动根据采购订单生成收货单打印，如果 ERP 系统暂不能运行，可以由模拟终端执行该任务。WMS 和 ERP 接口系统将收货单转换成入库任务，该入库任务将实时传输到 WMS 的数据库系统，并为入库用户工作站所识别。

收货组盘在 RF 上进行。组盘操作时应录入物料号和入库单号，并与托盘建立关系。组盘结果通过接口程序传至 ERP 系统，进行物料确认和地址分配。本系统最终确定的技术方案是由 ERP 负责生成入库货位地址。

码盘结束后的托盘，将由系统指定一个库存区。目前，该系统设计了 4 个库存区：自动化立体库 AS/RS 区、平置区（含大件区）、小件物料区和 X－Docking 直入直出区。

确定物料库存区由系统自动完成。对于一种物料来说，存在放置多个库存区的可能。但库存区的选择有优先原则。对于具体物料来说，通过设置库存区上限来防止大量的物料被堆放在某一区域。

RF 服务器将托盘信息放置在公用区，RF 终端将扫描该公用区的数据以便获得实时的作业信息。在 RF 终端上，操作人员浏览到库存区的提示后（自动化立体库、平置区、小件拣选区、直入直出区），叉车司机可按区域提示，将托盘暂时放置在与库存区对应的临时存放区，也可以直接送到相应的库存区。

对于 AS/RS 库存区，叉车放入输送机后，入库自动执行。

对于平置区（含大件区），由叉车送货。该区设有分区网格提示。

对于小件库存区，叉车送货到小件暂存区。对于搁板式货架，叉车送货确认后，位于小件作业区的 RF 将接收相应任务。当货品码放到空闲位置后，手持终端应扫描货位和物料号建立库存档案。对于已经建立货箱与物料联系的情形，将扫描货箱号与货位号，确认完成小件物料的入库上架。图 3－8 为入库输送机系统。

图 3－8　入库输送机系统

（2）物料的拣选及配送。物料的拣选及配送是物流中心的主要业务。具体操作如下：

ERP 系统根据用户订单生成出库任务后，将该订单传到系统仓库管理系统（WMS）。货位的指定在 ERP 中完成。出库指令（包括发货单、物料、货位、托盘、数量、客户等信息）通过程序发送到 WMS 后，任务高度系统首先根据客户信息进行任务分类，并附加缺省优先级。优先级的缺省值如下：①市内客户：30。②外埠客户：20。③紧急客户：50。紧急客户是指要求加急的客户。在一般情形下，出现紧急客户时，会导致相关部分客户的订单提前。

为了实现对客户优先级的控制及调节，系统在调度过程中控制下发的订单数，该数量可以由操作人员控制。任务高度系统还负责分解出库指令和生成自动化设备的指令，并将操作指令送到 WMS 系统中管理。具体操作分为：在线拣选、AA 区拣选、小件区拣选、平置区拣选和整托盘出库。

拣选操作均通过 RF 完成。RF 上显示出库的具体指令，包括：订单号、货位号、托盘号、拣选数量、总数量、门等。其中，“门”的概念是指对应于提货货车对应的“门”的编号。WMS 系统根据客户信息定义“门”的分配规则。

完成拣选的物料在配送缓存区合单。拣选完毕的订单将触发系统自动打印发货单，RF 操作人员将根据发货单的提示最后核对拣选物料，并根据需要扫描物料的序列号（SN）。操作无误的订单将在 ERP 系统中确认（称为过账操作），等待装车运输。整个操作至此结束。图 3－9 为出库输送机系统。

图 3－9　出库输送机系统

4. 神州数码物流配送中心专门技术

与传统的物流配送中心不同的是：神州数码物流配送中心广泛应用了现代物流配送的专门技术。这些技术包括：

（1）物流系统的任务调度，物流中心的任务，一般通过 ERP 系统下达。分为两部分，①自动化系统执行的任务：需要自动化立体库设备及自动输送设备。②RF 系统执行的任务：由 RF 直接执行的拣选任务。

任务优先级问题：解决优先组问题是高度的主要问题。该问题的基本描述是：任务本身具有优先级，用户需要有更改优先级的权利。在本系统中，优先级划分为 99 个级别。其中 1 表示最低，99 表示最高。高级别优先级的任务比低级别优先级的任务优先处理。在实际处理过程中，有两方面的问题需要加以特别注意即多任务问题和重复拣选问题。对于多任务问题，即一个订单具有多于一行的任务，优选级更改将针对所有行才有意义；重复拣选问题即对于一个托盘而言，存在被多个订单进行拣选的问题，调度中应充分考虑到整托盘问题和零托盘问题，确保拣选顺利进行。

（2）拣选分区问题。配送中心的地理位置分散，有时一个订单具有多行，拣选任务几乎覆盖中心的各个物理区域。若采用按订单拣选的策略，势必导致效率低下、劳动强度增加、成本增加等问题，无法满足客户的需求。在本系统中，采用区域分解原则解决该问题。基础原理是：根据物流中心的地理布局和逻辑关系，划分作业区。作业区包括：

①AA 拣选区：负责自动化立体库 54 个热选物料的拣选。

②在线拣选区：负责其他自动化立体库托盘的拣选和返回。

③小件拣选 A 区：负责阁楼式货架 1 层的拣选（包括流力式货架的拣选）。

④小件拣选 B 区：负责阁楼式货架 2 层的拣选。

⑤平置 A 区：1 层平置区的拣选（大件物料和频繁拣选物料）。

⑥平置 B 区：1 层平置区的拣选（大件物料和流通加工物料）。

每个作业区有其唯一标识，拣选任务将自动分解作业到各拣选区，操作人员仅需根据 RF 的提示完成相应的拣选任务即可，充分体现了并行作业的快捷与方便性。

（3）RF 的工作原理。现代物流系统的重要特征之一就是无纸化作业。无线射频装置（RF）是实现无纸化作业的重要工具，它有多种形式，其工作原理在物流系统的不同作业区域是不一样的。

对于收货区，RF 负责组盘操作。组盘根据采购订单、转储订单等进行。系统通过扫描供应商代码获得物料信息。组盘完毕后的托盘将进入管理系统，WMS 系统将为托盘分配存储空间（存储区域和存储货位）。

对于入库区，RF 将通过扫描托盘获得作业指令（如托盘的目的区域和目的地址），并通过扫描目的仓位号获得对任务的确认。在实际操作中，不同的作业区域其作业原理会有不同。

对于拣选区，RF 将根据不同的作业区，采取主动获取作业任务和被动获取作业任务两种不同方式。对于在线拣选区和整托盘区，主动扫描托盘获取作业任务是较好的选择；而对于其他作业区（如AA区或小件存储区），则由系统分配作业指令较为适宜。

（4）SN序列号扫描。神州数码系统是一个跨平台的分布式系统。除上海物流中心外，包括北京、广州等在内的12个销售平台均将共享物流信息。在异地不仅可以对物流（包括库存）信息进行浏览，并具有一定的操作权限。对于SN，要求全面各平台的数据相容。因此，作为工作内容覆盖全面的SN扫描系统，RF应完成每次扫描数据的合法性核对。实时性、可靠性是本问题的焦点。

（5）接口问题。神州数码ERP系统采用世界著名的SAP R/3系统，配送中心与ERP系统的实时连接是本系统的基本需求。总的来说，接口软件应解决以下问题：

接口方式：采用SAP提供的BC连接技术，数据引入和导出均采用XML文档形式。

数据格式：SAP R/3引出数据的基本方式分为IDOC文本方式和PRC远程调用方式。其中，IDOC采取主动下发策略，而RFC则是类似的API函数调用方式。通过CB中间软件，SAP R/3的数据均转换为XML文档形式。WMS系统向SAP R/3返回的数据也采用XML格式，通过BC返回SAP P/3。

平台问题：对于采购订单、发货单等数据，需要在多平台调用，所以接l21软件应解决多平台的分发和从多平台申请数据的问题。系统根据电话区号定义各平台的编号。

5. 直接效果和应用前景

神州数码上海物流配送中心于2002年年底建成，2003年1月1日正式投入使用。与预期业务不同的是，其业务量在系统上线运行不久既已超过北京的业务量，高峰日订单量超过700个。实际运行的结果表明，经过系统的高度处理，90%的订单在30分钟以内完成（从下单、调度到拣选完成），市内配送完全可以2小时内完成。从目前的情况看，80%的订单集中在16：00～19：00，如果订单的分布均匀一些，系统日处理订单能力将超过1000个。神州数码2002—2003年度的配送额达到104亿元，上海已经成为神州数码的物流中心。

此外，神州数码上海物流中心的技术还迅速应用到许多物流中心，如北京双鹤药业物流配送中心、新疆新特药物流配送中心等。随着我国经济的快速发展和物流配送中心需求的迅速增长，以神州数码物流配送中心为代表的、我国自行建设的自动化物流配送中心将具有广阔的应用前景。

3.3.2 案例二：API 有限公司配送中心

1. 案例背景——不断变化的市场条件

澳大利亚医药行业的供应链近年来经历了结构合理化调整的过程，从大量的州级批发商转变为由 3 家主要企业控制的竞争力极强的国家级市场。这 3 家大公司和若干特殊领域的小型供应商，在由澳大利亚境内 5600 多家药房代表的 50 亿美元的零售市场中相互竞争。

市场本身也发生了变革，除保健和美容产品外，大型零售商在非处方药系列产品中竞争激烈。

医药配送行业的特点是准确、经济的订单处理能力和极高的服务水平。为实现行业领先的服务和业内最低的配送成本，澳大利亚药业有限公司（API）在悉尼 Camellia 新建的总部和新南威尔士配送中心为药品存储、输送和配送树立了新的行业标准。

2. 配送中心的系统使用概况

API 的新系统设施体现了澳大利亚目前最先进的集成订单拣选技术的广泛应用，形成了快速、准确的订单处理过程：RF 指导操作、语音拣选、垂直旋转货柜、A 字形自动分拣机和相关的智能输送机和分拣系统。所有订单处理操作均在平台上完全集成。

低温药品从冷藏库门后的纸箱流力式货架和垂直旋转货柜中拣选，配有指示灯协助产品识别。所有可以装入最大产品包装的体积小、但数量众多的拆零货品，通过 A 字形自动分拣机进行拣选。A 字形分拣机可处理 40% 左右的货品拣选工作，可容纳 1250 个物流量最快的拆零品归货位，每小时可拣选 2000 件货品。所有其他拆零和整箱订单通过语音拣选处理。

货品接收、上架、补货、移库和所有的整托盘拣选通过 RF 指导的操作进行。与控制所有订单处理过程一样，拣选指挥（Pick Director）以前所未有的方式在任何时候都可以向 API 提供供应链可视化图像。通过这一功能，可以了解工作负荷并相应地安排员工的工作。其他通过 Pick Director 可获得的主要功能是自动中央订单导入和跳越访问区间，即订单只进入到需要拣选的空间。

3. 效果

API 的新南威尔士州经理 David Glance 对 Pick Director 带来的订单履行准确性的提高评价道："我们习惯于订单的定期检查，但订单处理系统中的集成质量检查意味着我们能够将质量检查减少到随机抽查的程度。我们的错误率现在变得极低。""语音拣选系统在该领域的帮助很大。通过在订单拣选过程中使用随机抽查，并在补货的过程中扫描货位，使用语音装置很少出现错误。A 字形分拣机的准确度非常高，除非装错货品，一般不会出现错误。"

卖场地面改进的 IT 系统使存货数据更加精确。这帮助 API 将处方药的订单履行率提高到 99.8%，将非处方药的订单履行率提高到 98%。系统同时向 API 提供足够的未来发展空间。目前，每日吞吐量一般为 6000 箱，系统具备一天处理 20000 箱的能力。

Glance 先生接着提道："建立这样的设施不仅为我们提供了发展的空间，也为我们提供了业务发展的能力。""因为能以比以前更低的成本处理更多的订单，我们现在能为联营的第三方物流公司的药品供应商提供成本效率更高、质量更好的服务。"

目前，中国北京医药股份有限公司、美国雅芳及 Abbott 实验室等企业均使用这种运作方案。

3.4 退货处理中心中的应用

3.4.1 案例：深圳发行集团引入自动分拣系统破解退货"瓶颈"

深圳发行集团创新书业流通理念，引入自动分拣机系统，应用于退货处理领域，实施逆向物流运作流程，既在全国同业中率先从根本上破解了零售业返品物流的"瓶颈"，实现了物流配送在管理理念和技术层面上的新突破；又以较低成本提升了物流现代化水平，完善了连锁经营运行体系，提高了企业的经济效益。

1. 深圳发行集团概况及发展现状

深圳发行集团自 1996 年起在全国书业率先实施连锁经营，至 1998 年年底已初具规模，并建立了拥有近 1.5 万平方米库容面积、架存出版物 10 万余种、年吞吐量近 10 亿元码洋的物流中心。经过多年的运营，深圳发行集团创下了中国书业同城连锁的成功模式，受到中宣部、新闻出版总署等主管部门的充分肯定。

与深圳市连续多年人均购书量位居全国之首相对应，深圳发行集团的连锁经营业务连年不断扩展，特别是特大卖场南山书城近年开业后，深圳发行集团成了国内首屈一指的拥有两座万米以上大书城的发行企业，其零售业务量和销售能力为众多书业供应商所看好，其充当区域代理和接受主发的业务量不断增长，由此其退货量也不可避免地随之增长。而随着全国最大书城——深圳中心书城的开业，深圳发行集团将成为国内唯一的独具三座数万米大型书城的发行企业，而上述状况也将随之更加凸显。

深圳发行集团领导班子冷静、科学地分析业务态势和供应商需求，认为：供应商一方面希望零售商在尽可能短的时间内使所供商品与读者见面，实现销售；另一方面又希望零售商尽快对无法实现销售的商品实现返品，以便实现商品价值的再循环、再利用。深圳发行集团同城连锁的业务架构决定了其连锁店的数量、配供的距离均在一定的范围内，加之将部分运输业务交由第三方物流来完成，因此物流中心能够充分满足对全市连锁网络的配送业务。而由于其巨大零售能力的吸引，全国与深圳发行集团发行业务往来的供应商达1000 多家，退货量较大、头绪多，手工作业处理退货，成了阻碍其业务流程快速运转的“瓶颈”。如 2003 年深圳书城曾调退 190 万元码洋的图书回物流中心，花了 60 天时间，平均投入 15 人才处理完毕。2004 年深圳发行集团参与处理退货业务的员工共 20 多人。由于连锁店不能及时调退，无法从根本上改善其库存结构，因此提升退货处理能力已成当务之急。

经过科学论证，2004 年年初，深圳发行集团确定引入一套自动分拣机系统，用于退货处理，提高逆向物流的处理能力，从根本上突破退货“瓶颈”。他们选择普天万向物流技术有限公司作为自动分拣机系统的设备供应商，选择巴颜喀拉出版在线有限公司作为该系统的信息技术开发商，并确定以返品处理作为该系统开发和应用的前期目标。2004 年 4 月，深圳发行集团与普天万向公司签订项目合同，2004 年 11 月分拣机系统安装完毕并投入试运行。经过几个月的调试和摸索，于 2005 年 4 月 19 日该系统正式通过验收。

2. 自动分拣系统的运行状况

自动分拣机系统通过验收后，2005 年 4 月 20 日—2006 年 4 月 19 日一年运行期间，分拣上线品种 55. 55 万种，分拣上线数量达 194. 56 万册，码洋达 3928. 26 万元。期间，日最高分拣品种达 6671 种，数量达 27652 册，码洋达 59. 06 万元，最高单机上件效率为 1. 4 件/秒，平均上件单机效率达 1975 件/小时，单个上线格口最高日上件次数达 5240 次。以每日处理 35 万元码洋，每年 261 个工作日计算，自动分拣机系统的年处理能力近 1 亿元码洋，超过当初设计的年处理码洋 6000 万元的能力。全年处理日常分拣业务人员仅 13 人。

自动分拣机系统启用后，深圳发行集团对原有的退货流程进行了重组，将原来由采购人员制作退货单、连锁店按单拣货下架、物流中心按单验收并退货的管理流程，改变为采购人员作退货计划，连锁店按计划随时退货，物流中心通过自动分拣机系统进行退货处理的管理流程。连锁店可随时随地退货，使退货不再成为整个业务的“瓶颈”，从而逆向物流和正向物流一样畅通无阻。

深圳发行集团自动分拣机系统的突出特色是：自动分拣机控制系统直接嵌入整体信息管理系统，分拣机成为信息管理系统直接驱动的硬件设备，实现了与信息系统的信息实时互动，既能根据信息管理系统平台上的业务策略执行分拣任务，又能将处理结果实时反映在信息管理系统平台上，体现了 ERP 管理的整体性、准确性与实时性的要求。

目前国内一些书业企业引进自动分拣机系统时，大都采用机械系统与信息管理系统分离的模式：通过机械设备提供商所提供的软件来管理和驱动机械设备，通过数据接口方式实现与信息管理系统之间的数据交换，接收管理系统发出的分发指令，传出分发执行结果。这种接受、执行、反馈指令的集成方式，使分拣设备在分拣过程中无法得到信息平台信息资源及业务策略的支持，无法实现信息管理的及时性。而其分发指令是对管理系统中分发单据项目处理后产生的，需要管理系统预先录入相关单据而非由分拣系统根据分拣结果自动产生单据，因而降低了分拣系统的智能化程度、分拣效率，削弱了分拣系统的使用功能。

深圳发行集团引进自动分拣机系统时，通过嵌入式集成方式将信息管理系统 BIMS 与控制系统有效地结合在一起，分拣电控系统直接从信息管理系统获得分发指令。在分拣过程中分拣设备可以对信息系统平台上的历史业务数据及商品等级信息进行实时查询，完成分拣任务后，设备电控系统可以即时在信息管理系统产生数据，整个过程不存在中间数据交换处理机制。同时信息管理系统适应商品分级管理和供应商管理的要求，自动计算出商品的级别特征，支持分拣机系统操作；分拣机自动将应退供应商商品和再上架重新流转商品进行分离，消除了过去手工操作的随意性，从而实现了分拣信息的准确性和及时性，提高了分拣机的分拣效率，满足了 ERP 管理准确性与实时性相统一的要求。

3. 应用效果

深圳发行集团应用自动分拣机系统进行返品处理，产生了显著的效果：一是减少了手工操作，作业效率明显提高，自动分拣机系统平均分拣效率为人工操作的 6 倍，退货不再成为物流的“瓶颈”；二是正向、逆向物流处理成本和人力投入、场地占用成本均得到有效降低，连锁店可以随时进行商品调退，商品结构得以及时优化；三是自动化的机械设备和信息系统的有机结合，加快了信息传递和共享的速度，降低了人工操作的差错率。调退商品及时得到分拣处理，改变了以往信息长时间滞后于实物的状况，各连锁店和业务部门可以及时获知调退信息，信息的及时性和准确性得到提高；四是对原有的退货管理业务流程进行了重组，使逆向物流流程更科学、更顺畅，从整体上提高了业务管理水平。

深圳发行集团本着因地制宜、重在实用、管理先行的原则，投入不足 500 万元引进国内设备，实现了退货的自动化分拣处理。他们在自动分拣机系统的设计和运行中，将业务管理理念、物流技术和信息系统升级进行有机结合，将业务管理理念通过信息系统渗透到自动化设备的操作层面；

通过与营销分级管理体系的结合，实现物流分拣环节商品营销属性的识别，使业务处理更科学、更有效率；通过供应链各环节的配合和流程优化等方式将返品业务管理纳入到一体化物流管理体系中，并通过细分返品业务环节及其标准化设计，使返品处理环节与分发、配送、调剂、盘点及储位管理等环节得以平滑衔接，从而实现了全面提升物流管理能力、构建企业核心竞争力的目标。

深圳发行集团总经理陈锦涛表示，自动分拣机系统是一个技术先进、符合国情、更符合店情的高技术项目，它的成功运用完善了集团的精细化管理，为集团启动 ERP 项目打下了良好基础。他还告诉记者，自动分拣机系统的功效不仅仅是处理返品，它在分发、配货乃至为第三方公司提供商品分拣服务方面，也有广泛的应用价值。深圳发行集团在引进这一系统时考虑了多种业务应用的可行性，除处理现有返品业务外，今后还将发挥几方面功能，实现一机多用：一是在连锁店增加一定数量后，利用自动分拣机系统进行配货、分拣工作，促进配货拣选方式由目前的摘果式向播种式转变，从而完成配货拣选的革命性变革；二是通过卖场分类设定，对大型连锁店的配货实行分类分拣，配货到区（陈列区），为大型连锁店节约商品分类时间，加速商品上架；三是对机关团体客户及外围零散小型门市进行自动配货分发；四是在时机成熟时，为第三方公司提供商品分拣服务，如为教材发行单位提供按学校进行商品分拣的服务，为大型图书馆提供分类配货、分拣服务等。

深圳发行集团分管物流工作的副总经理何春华则告诉记者，自动分拣机系统多元功能开发已进入实操阶段：深圳中心书城筹备开业期间，针对其经营面积达 3.7 万平方米、陈列品种超过 20 万种、8 大区专业主题店陈列、分类细目达 460 个的超级书店需求，物流中心将充分发挥自动分拣机系统的智能化效用进行分类配货，拟将积累到一定数量的二级类目商品通过自动分拣机系统将二级类目下商品一次性分到相应的三级甚至四级类目，从而实现物流分发、配送自动化作业的根本性转变，拓展自动分拣机系统的效能。

4 电子标签分拣系统

在我国物流管理领域中，国内很多企业都认为自己有人力资源方面的优势，物流中心大多数仍属于劳力密集的产业，对物流设备的使用很难接受。但是，根据统计，以企业财务之观点来看，一件商品最后售价的30%是来自于物流的成本费用，而物流作业的成本来自于运输、搬运、仓储、拣货等各种不同的作业成本。而从物流的成本结构分析得知，其中拣货成本约占了40%，此外拣货作业之直接相关人力的投入，亦约占了整个物流中心投入人力的50%；而在整体物流中心的作业时间当中，花在拣货的时间亦占了30%~40%。虽然人工作业也有不同的拣货策略，但差错率却平均高达3‰。由此观之，不论从成本、人力，或者是时间的角度来分析，都显示了拣货作业的重要性。

拣货的目的不外乎是要在有限的时间内迅速、正确地集结客户的订购内容，以缩短客户从下单到收取货品的周期时间，同时能降低其相关的作业成本。因此物流中心如何规划及导入一套适当的拣货系统与设备，并作好合理的拣货作业管理，是一个相当值得研究的课题。

近几年，中国大陆的物流业出现快速发展，不断有物流中心的建设项目，而现代物流配送中心内部作业中最繁忙、作业量最大的是分拣环节，特别是在一些拆零比例大、流通速度快、品项繁多的行业，如零售、医药、烟草等，分拣作业系统规划是否合理，系统能力的高低将直接决定了配送中心整体运作能力。随着物流服务快速、高效观念的建立，同时企业在进行信息化管理、提升物流服务水平方面也有了更高的要求，这些因素带动了包括软、硬件在内的整个物流自动化设备的发展。随着自动化、半自动化的新技术设备的逐渐开发应用，在拣货系统的构筑中，各种新技术、新设备应用已相当普遍。现阶段配送中心分拣系统规划中，多采用电子信息拣选方式。

常见的电子信息拣选方式有无线射频扫描枪（RF）、自动拣货机、电子标签等拣选方式。作为辅助拣货工具，电子标签只是提升效率的一个选择。电子标签的价值主要体现在投资比较小、使用灵活、可扩展性强，虽然不是自动化，但能帮助整个系统降低人为因素，实现速度和准确率的提高。无线射频手持终端具有使用方便灵活的特点，但由于它在使用时仍需人拿着设备进行扫描，不如电子标签拣货直观，同时对那些拣货频率高的货品，在提高效率方面作用并不明显。自动拣货机能大幅提高分拣效率，更适用于那些对速度要求较高的配送中心，比如每小时几万件、每小时几十万件；其缺点主要是投资较大、需要足够的空间、缺少弹性。分拣系统中引入哪种相应的设备，主要是出于对运作效率、成本的综合考虑。所以很多物流中心把这些手段综合在一起使用，以达到投资和效果上的最佳组合。

目前，中国已经作为世界制造中心，这在很大程度上也带动了整个物流市场的发展。尤其是上海，以零售行业为例，便利店业这两年表现出很强的发展势头。流通业发达，对物流服务的要求也随之上升。因为在获取终端消费者的竞争中，价格因素变得越来越弱，服务品质上升到更重要的位置。无论是已有的还是新建的物流中心，都将运作的重点放在提高服务水平和满足客户需求上，对电子标签等辅助设备的需求逐渐增加。

4.1 电子标签分拣系统组成及特点

现代物流中心通常以各种通用或专用分拣设备为基础，合理规划设计拆零分拣流程，设计出最符合自身需求的一套分拣解决方案，而电子标签分拣就是一种行之有效的拣选利器，在物流配送、工厂流水的各行各业一直有着广泛的应用。企业使用电子标签的初衷是希望在低投入的前提下实现更快速、高效的物流运作，需要的是可靠的产品以及合乎他们要求的流程。

近些年来，连锁超市和便利店的发展势头很猛，对物流作业的“拆零”需求越来越强烈，拣选、拆零作业的劳动力已占整个配送中心劳动力的80%；订货商品的多品种、小批量化，使得配货作业人手不足的矛盾非常突出。目前，医药行业、化妆品制造行业已广泛使用全自动拣选系统（如日本资生堂、花王、大木等株式会社）；而流通领域，特别是连锁超市、便利店的配送中心都广泛使用电子标签分拣系统。

电子标签分拣系统之所以诞生，是因为它简化烦琐复杂的拣选作业，使得拣选最后只剩下简单的“看”、“拣”、“按”3个动作，最大限度降低工人的劳动强度、差错率，以及成倍提升作业效率。

4.1.1 电子标签分拣系统及原理

1. 电子标签分拣系统简介

传统拣货方式一般是根据客户所订购的内容打印出拣货单，交给拣货人员，依据拣货单所指示的内容，从仓库中将应拣选的货品一一取出。人员在作业中所凭借的除了拣货单据的指示外，都得依靠拣货员对仓库整体环境的熟悉和对商品摆放位置的记忆等，这就导致拣货的错误率难以降低，效率无法提升，人员需要训练与熟练的时间长，整体作业方式对于效能的提高，缺乏应变的弹性，因此所产生的相关成本亦居高不下。

电子标签分拣货技术于1977年由美国开发研制而成，是一种在配送中心经常被应用的拣货方式。此种拣货方式可以用于批量分拣也可以应用于按单拣货方式。

在欧美一般称为PTL（Pick - to - light 或 Put - to - light System），在日本称之为CAPS（Computer Aided Picking System）或者DPS（Digital Picking System）。

电子标签技术是计算机串行通信技术、远程数据显示技术在配送中心应用的典型高新技术。利用小型化的数据显示与交互终端，消除配送中心分拣作业点与计算机主机系统之间的具体，使信息快速、准确传递到作业点，并及时反馈作业结果，实现作业的无纸化，大大提高作业效率，降低作业强度，提高作业的准确性。

电子标签分拣系统的电子标签显示器，安装于货架储位上，原则上一个储位内放置一个产品，并且以一张订单为一次处理的单位，系统会将订单中所有订货商品所代表的电子标签亮起，拣货人员依照灯号与数字的显示将货品自货架上取出，这就是电子标签分拣系统。然而，拣货作业若要达到应有的品质水准，则需要以良好、精确的仓储管理系统和整体规划为基础，方能发挥其效益。

电子标签分拣方式中，电子标签取代拣选单，在货架上显示拣选信息，以减少"寻找货品"的时间。分拣的动作仍由人力完成。电子标签是很好的人（拣选员）机（计算机）界面，烦琐的拣选顺序与记忆由计算机负责，拣选作业由拣选员按照计算机指示执行。电子标签有一小灯，灯亮表示该货位的货品是待分拣货品。电子标签中间有多个字元的液晶，可显示拣选数量。如此，拣货员在货架通道行走，看到灯亮的电子标签就停下来，并按显示数字来拣取该货品所需的数量。

电子标签辅助拣货系统于国内、外物流中心在拣货作业上的使用相当普遍，无论是少量多品种还是大量少品种，都可以实现分拣的自动提示和自动记录，特别是对于多样少量的拣货形态。电子标签分拣系统自动引导拣货员进行拣选作业，任何人不需要特别训练，即能立即上岗作业，从而大大提高了商品处理速度，减轻了作业强度，而且使差错率大幅度下降。电子标签分拣系统是一套先进的、无纸化的电脑辅助拣货系统，可以使仓库或配送中心的订单处理过程简单化。电子标签拣货系统作为先进的物流技术为企业物流降低实实在在的成本。

电子标签分拣系统如图 4－1 所示。

图 4－1　电子标签分拣系统

2. 电子标签分拣系统原理

随着经济和生产的发展，企业的分拣作业量的增加、分拣点的增加、配货响应时间缩短和服务质量提高，依靠普通的分拣方法，如传票拣选等将无法满足大规模配货配送的要求，电子标签分拣系统可以解决此问题。

电子标签辅助拣货系统是一种电脑辅助的无纸化拣货系统，其原理是借助安装于货架上每一商品的货位的 LED 电子标签取代纸张拣货单，利用电脑的控制将客户的订单信息传输到电子标签中，有需要拣选的商品的货位的电子标签灯亮（闪亮），指示应拣取的物品及数量，引导拣货人员正确、快速、轻松地完成以“件”或“箱”为单位的商品拣货作业，作业人员便可从货架里取出商品，放入批发输送带上的周转箱，可减少目视寻找的时间，不仅减少拣错率，更大幅提高效率，拣货完成后按确认钮完成拣货工作。然而，拣货作业是否能达到应有的品质水准，亦要有良好、精确的仓储管理系统为基础，方能发挥其效益。计算机监控整个过程，并自动完成账目处理。

4.1.2 电子标签分拣系统组成

电子标签分拣系统的构成及主要部件功能：

（1）主机。可以是已有的 WMS 系统，或 ERP、MIS 等，特殊情况可人工录入出库信息。

（2）控制电脑。用于从 WMS 下载出库订单，并将信息发送到控制器。

（3）控制器。将出库信息转换为控制信号，并传送到连接盒，将完成信息号传回控制 PC。

（4）接线箱。控制信号灯、字幕机和电子标签的工作，将完成作业信息传回控制器。

（5）信号灯。用于作业区、作业面，提示该区域有作业任务。

（6）显示屏幕。提示作业人员当前作业序号。可定义为客户编号、作业编号和其他编号。

（7）电子标签。用来显示出库数量并发出指示信息。

简单地说，电子标签分拣系统由现场计算机、电子标签控制器、电子标签等主要部分组成，而电子标签占据重要地位，将电子标签显示组件，安装于备料区货架储位上，原则上一个储位内放置一项产品，即一个电子标签代表一项产品，电子标签分拣系统中的电子标签如图 4－2 和图 4－3所示。

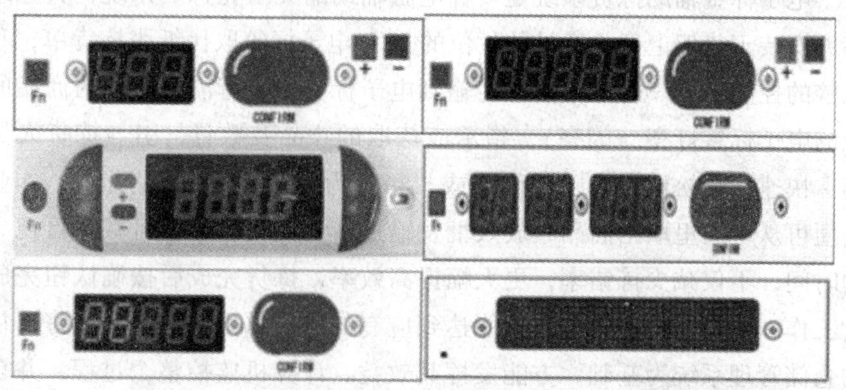

图 4－2　不同规格型号电子标签

(a)　(b)　(c)

图 4－3　电子标签分拣系统的应用

电子标签可按照不同的分类方式进行分类。电子标签若依硬件设计与应用之不同，可分为标准型与经济型两种。

（1）标准型。在标签的面板设计上，除了灯号与按键外，尚有一可显示数量的 LED 显示设计。而按键亦有双键式（确认键与缺货键）及三键式（确认键与可调整数量的上、下键）两种。一般标准型的电子标签较常用于出货频率高的商品储位，采用“一对一”方式，亦即一个电子标签只对应一个拣储位。但亦有应用于出货频率低的商品，采用“一对多”方式，亦即一个电子标签只对应多个拣储位，而于拣货时 LED 上除了数量显示外，还有应拣储位代号的辅助显示。由于一对多的作业方式尚需拣货者的判断，可能会提高拣货的错误率，因此较适用于 B 级、C 级的商品。

（2）经济型。与标准型的差别在于其只有灯号与按键的设计，无法显示应拣数量，因此硬件成本较低。而在拣货应用上则是数个经济型标签共同对应一个标准型标签，由标准型标签作为数量显示器。由于硬件成本较为低廉，且是采用“一对一”的方式运作，因此对于出货频率低的商品，亦可采用此项设备，以降低投资成本。

电子标签若根据其功能可以分为传统电子标签和智慧型电子标签。传统电子标签只能显示拣选数量，而智慧型电子标签可显示价格、标签编号、货位标号、拣选数量、台车车号与台车格位等拣选信息。智慧型电子标签是在传统电子标签的基础上发展起来的，其功能更加完善。其主要功能特点包括：

①一个电子标签可对应一个货位或多个货位。

②指示一个拣选员进行单一订单拣选。

③指示一个拣选员进行多张订单拣选。

④指示多个拣选员进行单一订单拣选。

⑤指示多个拣选员进行多张订单拣选。

⑥指示拣选路径。

⑦立即更正拣选错误。

⑧指示贴标签作业。

⑨指示库存盘点。

⑩显示标签编号。

因智慧型电子标签可提供上述 10 项功能，故能适合各种分拣频率和分拣作业模式。智慧型电子标签具备较多的功能与优点，两者的比较如表 4－1所示。

表 4-1　　传统型电子标签与智慧型电子标签的比较

功能说明	传统型电子标签	智慧型电子标签
显示方式	4 位字母，仅能显示数字	4 位字母，可显示文字、数字及符号
传输方式	RS485	RS45 网络传输
对应货位	一个货位	一个或多个货位
对应货物	一个标签对应一种	一个标签对应一种或多种
货位动态分割	不可	可
移动线路指示	无	有
拣错防止	无	有
多订单分拣	无	有
多人分拣指示	不可	可
店号指示	不可，需加上店号指示器	可
盘点作业	有些可以	可
分拣方式	直觉式	直觉式
导引方式	一般灯泡	高亮度、大直径 LED
分拣指示	数字型 LED	高亮度、点矩阵 LED
可靠度	佳	佳
作业扩充弹性	困难	佳
配线方式	复杂	简单
维修作业	稍难	简单

4.1.3　电子标签分拣系统分类

电子标签辅助拣货系统根据两种不同的作业方式，可分为摘取式电子标签拣货系统（Digital Picking System，DPS）和播种式电子标签拣货系统（Digital Assorting System，DAS）。

1. 摘取式电子标签拣货系统

摘取式拣货系统，也称为摘果式拣货系统，主要是应用在采取订单拣选的场合。在摘取式系统中，首先要在仓库管理中实现库位、品种与电子标签对应，把电子标签安装在货物储位上，原则上一个储位内放置一种货品，即一个电子标签对应一个货品。出库时，一般以一张订单为处理单位，出库订单的出库信息通过系统处理并传到出库商品所对应的库位的电子标签上，明确下达取货指示。订单中订货商品所代表的电子标签亮起，显示出该库位存放货品需出库的数量，同时发出光、声音信号，引导拣货员快速、简单地找到正确的储位，拣货人员只要根据电子标签点亮的灯号指示至指定储位，按标签面板上之数量显示，从货架上拿取相同数量的商品，无须费时去寻找库位和核对商品，只需核对拣货数量，及时、准确、轻松地完成以“件”或“箱”为单位的商品拣货作业，并放置在该客户订单所对应之承载物（纸箱、物流箱）中，根据订单进行再包装等作业，即可完成对一家客户几种产品、规格等的订单。因此在提高拣货速度、准确率的同时，还降低了人员劳动强度。当拣取完成后，需要在电子标签上进行确认动作，即可完成品项的拣取作业，此外过程中拣货人员可完全藉由电子标签的作业指示，轻松、迅速地完成一张订单所有品项的拣货作业。摘取式拣货系统及其应用如图 4－4 所示。

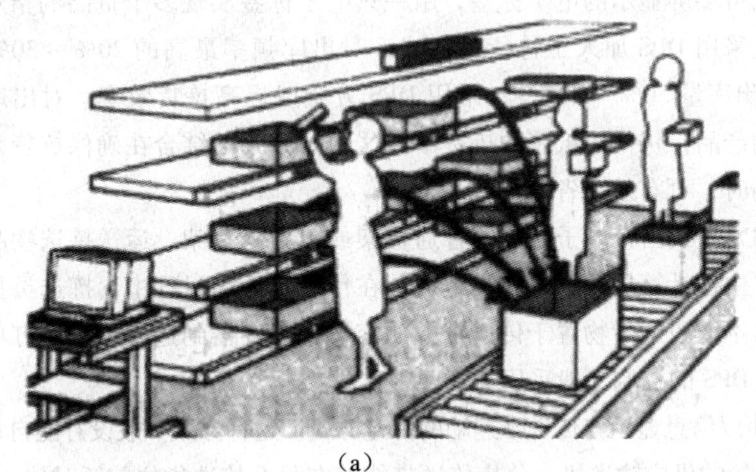

(a)

图 4－4　摘取式电子标签分拣

(b)

图4-4 摘取式电子标签分拣(续)

DPS一般要求每一品种均配置电子标签，对很多企业来说，投资较大。由于DPS在设计时合理安排了拣货人员的行走路线，所以减少了操作员无谓的走动。DPS系统还实现了用电脑进行实时现场监控，具有紧急订单处理和缺货通知等各项功能。此种拣货方式大多应用于配送对象多但商品储位固定或不经常移动的情况。可适用于烟草、药品、日用百货、电子原件、汽车零配件等行业的配送。

由于DPS投资成本较大，因此可采用两种方式来降低系统投资。一种是采用可多屏显示的电子标签，用一只电子标签实现多个货品的指示；另一种是采用DPS加人工拣货的方式；对出库频率最高的20%~30%产品(约占出库量50%~80%)，采用DPS方式以提高拣货效率；对出库频率不高的产品，仍使用纸张的拣货单。这两种方式的结合在确保拣货效率改善的同时，可有效节省投资。

DPS方式由带电子标签的普通货架或重力式货架、运送拣选物品的输送机、主控计算机和拣选人员组成。在传送带运动过程中，拣选员按订单拣选出本区段的货物置于传送带上的容器中，容器到达终点，该订单配货完毕。DPS的控制一般采用如下两种方式：

(1) 信息显示与传送带连动的拣选方式。这种方式一般设有能自动定量供应空箱的供应输送机，分拣传送带能够在每个拣选货位前暂时停止运行。拣选人员根据电子标签的显示，从货位上取出物品放入传送带上的分拣箱，作业结束，按下结束按钮，则传送带启动，分拣箱将货物依次传给下一个拣选人员，第二轮的拣选指示又显示在电子标签上，依次重复进行。

这种系统的信息显示与分拣传送带是连动的，拣选的品种数以 60 ~ 200 种为宜，适用于客户数量多、订单量少，但总的发货量多的场合。

（2）信息显示与传送带非连动的拣选方式。这种方式的拣选信息显示可以分区表示，也可以全区一起显示。对于全区显示，首先显示第一个客户的物品信息，拣选人员按电子标签的指示拣选出相应的物品放在传动带上或小车上运出；然后，显示第二个客户的物品信息，并将拣选出的货物放在传动带上或小车上运出，依次进行，如图 4 – 5 所示。

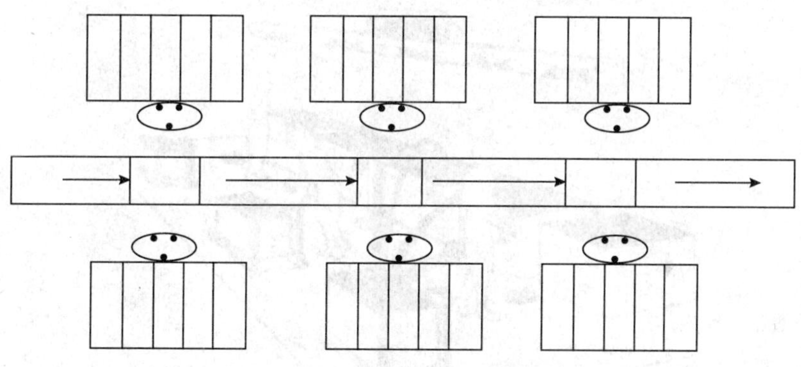

图 4 – 5　信息显示与传动带非连动拣选方式

当客户不太多、需求量参差不齐时，可采用分区显示方式，以提高拣选效率。信息显示与传送带非连动的拣选方式速度比较快，适用于多品种（500 ~ 3000 种）的场合。

2. 播种式电子标签分拣系统

播种式电子标签分拣系统，是另一种常见的利用电子标签实现分货出库的方式，通常应用于批次拣选处理场合。它的功能正好与摘取式系统相反，当订单的商品被批次汇总到储存区时，就用播种式系统。

DAS 中每一个电子标签所代表的是一个订货厂商或是一个配送对象，每一储位都设置电子标签，即一个电子标签代表一张订货单，拣选过程以每个品项为一次处理的单位。在播种式电子标签分拣系统使用过程中，首先，拣货员先通过条码扫描把将要分拣货物的信息输入系统中，并汇集多家订货单位的多张订货单，以货品为处理单位，按货品进行分类，先将货品的应配总数取出。其次，后台计算机会将订货厂商或是配送对象的信息传输到分货位置所在的电子标签上，电子标签就会亮灯、发出蜂鸣，同时显示出该位置所需分货的数量，向工作人员及时、明确下达存放货物指示。拣货员先取出某一货品的需求总数，依电子标签之灯号与显示数字将货品配予不同订货厂商或是配送对象所对应的亮灯货架箱子里存放后，按订货厂商或配送对象进行包装等作业。最后，按结束按钮关掉灯。按照上述过程依次完成其他商品的分拣过程，这样就完成 M 种产品对 N 家客户的订单。播种式电子标签分拣系统如图 4－6 所示。

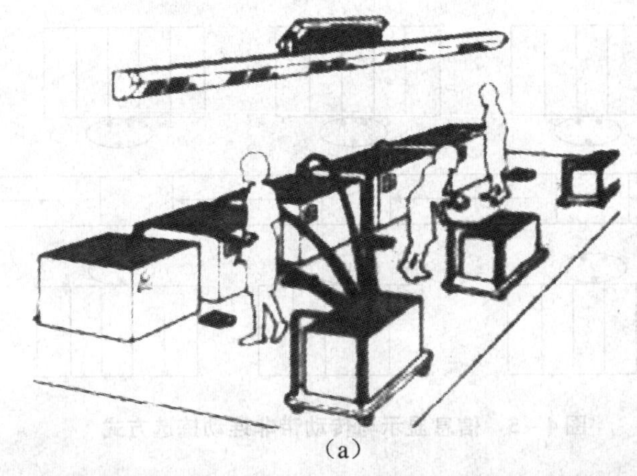

（a）

（b）

图 4－6　播种式电子标签分拣系统

因为 DAS 系统是依据商品和部件的标识号来进行控制的，所以每个商品上的条码是支持 DAS 系统的基本条件。当然，在没有条码的情况下，也是可通过手工输入的办法来解决。DAS 适用于商品品项较少、需求者相对于品项较多的分拣作业环境。

电子标签用于物流配送，能有效提高出库效率，并适应各种苛刻的作业要求，有其在零散货品配送中有绝对优势，在连锁配送、药品流通场合以及冷冻品、服装及服饰、音像制品物流中有广泛应用前景。同 DPS 一样，DAS 也可多区作业，提高效率。但是 DPS 和 DAS 是电子标签针对不同物流环境的灵活运用。一般来说，DPS 适合多品种、短交货期、高准确率、大业务量的情况；而 DAS 较适合品种集中、多客户的情况，即适合应用于商品品项较少、配送门店相对于品项较多的拣货作业环境。

4.1.4 电子标签分拣系统特点

在没有使用电子标签的情况下，拣货采取的传统做法是表单作业，即需要人拿着表单，走到储位前挑取对应的货品，找到后在表单上画钩。这样很容易出现下列问题：①耗时长；②差错多；③操作人数多；④依赖熟练工；⑤临时工不固定；⑥传票使用多；⑦拣货数量不准确。

与传统的纸张拣货单方式相比，使用电子标签分拣系统后，为现代物流带来了新的特色，具有以下明显优势：

（1）正确率提高。使用电子标签辅助拣货，工作人员只需根据相应储位前的指示灯以及数量显示拣选相应的货品，完成后按确认键即可，其正确率较之表单作业可提高 10 倍，拣货失误率降低到 0.03%~0.01%，可接近为零，拣货前置时间约为 1 小时。

（2）实现无纸化作业。不需要打印出库单、分拣单等纸张单据。减少了出库前单据处理时间，节省纸张。

（3）拣货速度加快。由于不需要储位寻找的电子标签亮灯指示作业，避免了很多多余的动作，拣货速度只需一般拣货速度的 1/2 ~1/3。

（4）操作简单可靠。利用电子标签拣货，是不依赖熟练作业人员的、无须思考的零判断作业，任何人员经过几分钟简单培训即可上岗，降低人员培训成本。为此可以引进兼职人员，降低劳动力成本。

（5）减少操作人员。操作人员只需一般操作人员的1/2 ~1/3。

（6）拣货单位灵活。支持按单品、箱、托盘等拣货单位设置。同时针对体积大、现状特殊、无法按托盘、箱归类，或必须在特殊条件下作业者，设置特殊品单位处理。

（7）通过拣货控制软件管理拣货过程。可由计算机系统自动下达作业指示，作业人员无须等待；可实时监控拣货过程、记录拣货状况，作业状态可实时反映；可改善库存控制，便于根据需要计划和修改系统；可进行实时补货提示、辅助盘点作业、处理紧急插单，并且可以实现和物流配送系统无缝连接；可优化作业人员的走动路线，能做到最短距离化。

（8）便于数据管理和分析。由于每一次拣选动作的发生都由电脑记录，电脑将操作流程数据化，通过对每人做一次拣选动作耗费时间的记录，可进行相关的数据分析，从而合理安排完成每一份用户订单所需要的人员。这是物流管理中一个重要的管理分析依据，在很大程度上简化了对人员的管理，同时降低了企业的成本。

4.2 电子标签分拣作业流程

电子标签拣货系统作业的具体步骤为：

①资料输入人员输入资料给计算机，自上位计算机下载订单资料。

②控制器及接线箱将传送至货架上电子标签。

③电子标签显示出分拣数量。

④分拣人员按照实时指示，快速而准确地执行分拣指令，不必携带拣货单。

⑤分拣员按动“完成”按钮，回报完成信号给计算机，进入下一张订单。

电子标签分拣系统流程如图 4 -7 所示。

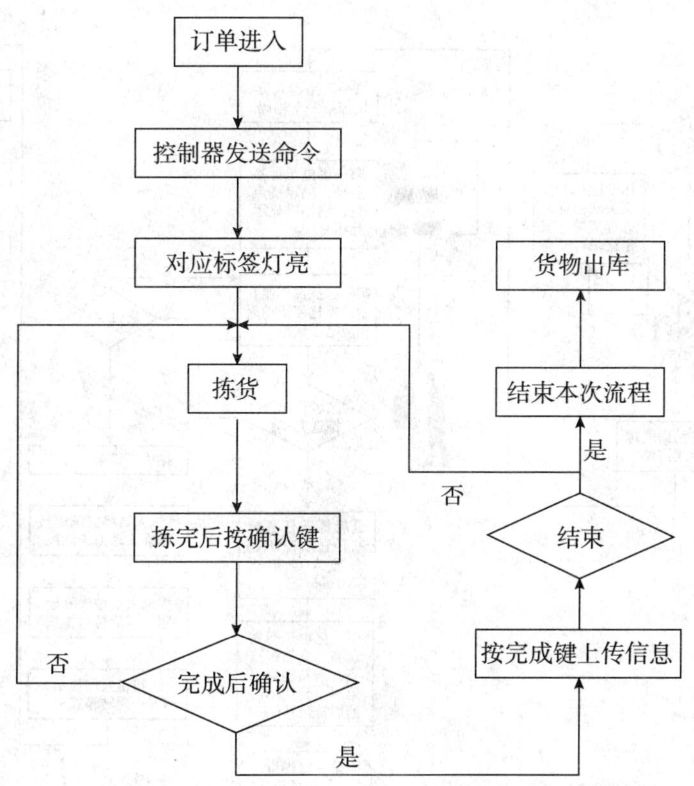

图 4－7　电子标签分拣系统流程

不同拣选方式所对应的拣选流程有略微区别，下面我们分别来介绍摘取式和播种式电子标签分拣系统的作业流程。

4.2.1　摘取式电子标签分拣系统作业流程

根据前面对摘取式电子标签分拣系统的介绍，其作业流程如图 4－8 所示。

4.2.2　播种式电子标签分拣系统作业流程

播种式电子标签分拣系统主要是将指定数量的商品播种到指定的位置，

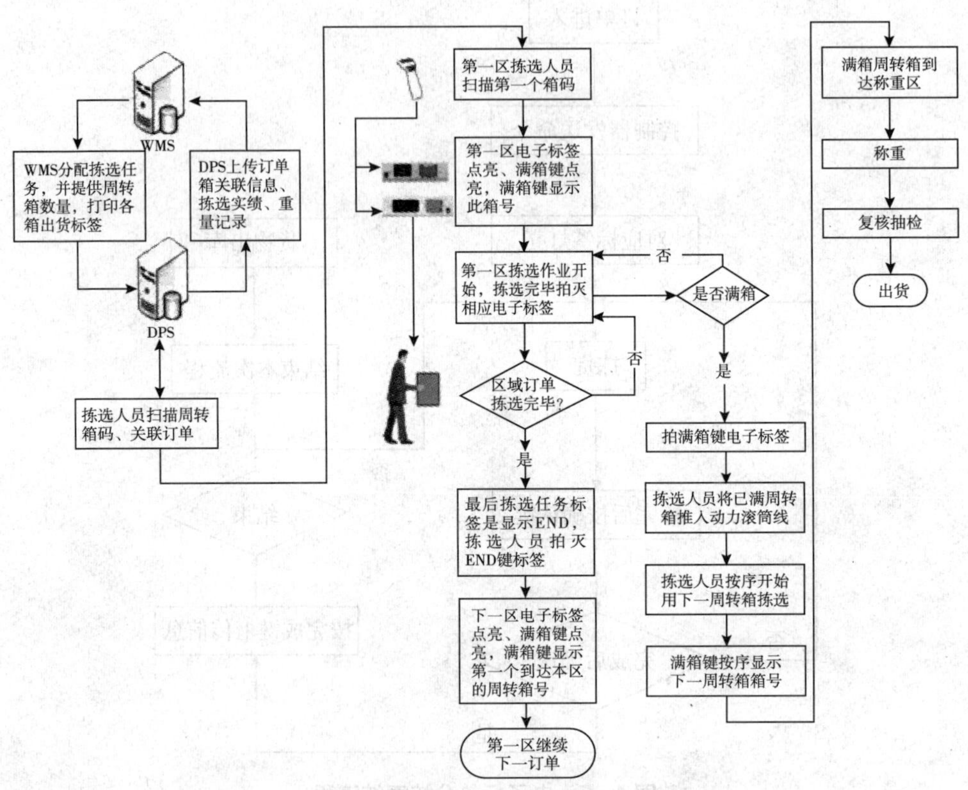

图4－8　摘取式电子标签分拣系统作业流程

其主要目的是将集中拣选的商品按照订货厂商或配送对象需要的数量进行分拣，满足订货厂商或配送对象订单需求，为商品出货做准备。根据前面对播种式电子标签分拣系统的介绍，其作业流程如图4－9所示。

4.3　分拣系统的使用方法

4.3.1　DPS和DAS的两种使用类型

DPS在使用类型上有下列两种：

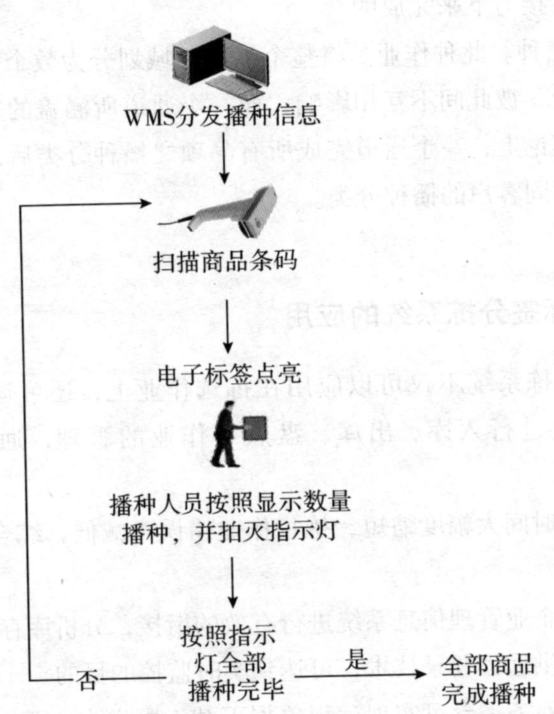

图 4-9　播种式电子标签分拣系统作业流程

（1）一人一单摘取，即一个拣货人员一次负责拣取一张订单，大部分拣货区采用重量棚式的储存货架，若安装电子标签，即采取此种拣货方式。

（2）接力式摘取。一个拣货人员只负责某一部分拣区的标签，当订单进入其负责区域，拣货员只针对其负责区域内，有点亮标签的品项拣货，当拣货完成则将该订单之拣货箱转传至下一个相邻区域的负责人继续该订单的拣货，而其则可进行下一张订单的拣货作业。因此一张订单在其拣货周期中是被不同拣货者接力来完成的。一般大部分拣货区采用流力架式的储存货架，若安装电子标签，即采取此种拣货方式。

DAS 在使用类型上有下列两种：

（1）接力播种。其整体之作业方法与接力式摘取相同，作业员只针对其负责区域内，有点亮标签的客户进行商品的分类作业，而一种商品则是在不同的作业者接力下来完成的。

（2）通道播种。此种作业是将整个播种区域划分为数个信道，各个信道间是独立作业，彼此间不互相影响，而一个通道所涵盖的客户即自成为一个批次。在理论上，一个通道完成所有品项之播种分类后，该通道则可继续另一批次不同客户的播种分类。

4.3.2 电子标签分拣系统的应用

电子标签分拣系统不仅可以应用在拣选作业上，还可运用在配送中心、大型仓库上进行入库、出库、盘点等作业的管理，通过其管理可实现：

①出货作业时间大幅度缩短，拣货作业错误率减低，综合人力成本可降低50%以上。

②系统可与企业管理信息系统进行有效的衔接，分析库存现状。

③为企业提供远程登录技术，可达到实时监控的目的。

④通过电子商务平台可实现远程单据下载，配送中心不需要进行二次输入。

⑤操作人员无须专业培训即可上岗操作，控制软件直接导入数据文件即可进行拣货作业。

⑥系统的产品管理完全采用条码管理，使输入更准确和节省时间。

⑦盘点作业自动生成盘点损益表和盘点清单。

在技术方面，电子标签的控制数量不是问题。现阶段，90%以上的物流中心使用电子标签的数量为500~1000个，一般来说一台电脑可以控制的电子标签数量不超过1000个。配送中心采取分区域管理的方式，如需增加电子标签数量，只要增加相应的电脑控制端即可，扩展弹性比较大。电子标签作为一种新型的分拣辅助工具，在改变运作流程的同时，也促使企业管理观念的转变。所以，要实现大量应用将会经历一定的过程。

随着技术发展日益成熟，电子标签的投资成本会不断下降，最终达到一个平衡的状态，这也是世界范围内的共同趋势。

企业是否应导入电子标签，衡量方法比较简单，主要看3方面：一是服务时间要求，二是准确率要求，三是成本要求。从成本角度分析，现阶段我国劳动力成本低，电子标签的成本似乎很高，但市场竞争对服务时间和准确率不断提出更高要求，企业必须要平衡费用和效率间的关系，一方面仅靠增加人力来满足需求不可能从根本上提高效率，另一方面长期的人工成本也是可观的。

电子标签分拣系统的推广和应用，一方面能够为客户带来显著的效益，无论 DPS 还是 DAS，都具有极高的效率。据统计，采用电子标签拣货系统可使拣货速度至少提高 1 倍，准确率提高 10 倍。另一方面可以针对不同的行业，电子标签分拣系统通过灵活的设置，具备较强的适应性。尤其在零散货品配送中有绝对优势，在连锁配送、药品流通场合以及冷冻品、服装、服饰、音像制品物流中有广泛应用前景。以医药行业为例，最近几年医药行业蓬勃发展，对电子标签的功能提出了一些特殊要求，比如电子标签在一个储位显示多个批号，不仅能显示数字，还要能显示英文字母等。上海上尚自动化技术有限公司参与的北京某医药连锁企业的知名物流中心项目就是这方面的典型。该物流中心的分拣系统包括了 ABC 三类货品，A 类采用“一对一”的电子标签管理，B 类、C 类采用“一对多”的管理方式，就是要求电子标签在显示数量的同时还要显示批号。另外，由于电子标签分拣系统尤其适用于多品种、小批量的配送环境，因此，配送中心只有导入计算机辅助分拣系统才能满足日新月异、变化多端的消费需求。在很多行业中都大量应用电子标签分拣系统，具体而言如连锁超市、烟草行业、出版业、邮购业、化妆品业、制造业、通信业、日用百货、电子元件、汽车零配件、电子商务等。在日本和韩国，电子标签已成为大部分物流配送中心的标准配置。

可以预见未来几年，电子标签分拣系统在我国会有较大的发展。无论采用何种系统都可以降低拣货错误率、加快拣货速度。使用者根据本身作业的要求选择合适的系统组合形态，或者将两种形态组合在一起搭配使用，以使系统达到最高的效益。

电子标签分拣系统在运用的过程中应该通过合理选择拣货方式、考虑和其他设备的配合使用、输送线的后端搭配使用各种设备、扩展软件功能等来提高使用者的效率及效益。

1. 拣货方式的选择

电子标签分拣系统的作业方式是采用摘取式还是播种式并非完全取决于储位和订货厂商或配送对象，而是通过衡量实际仓库作业情况及实际拣货需求的利弊进行选择的。电子标签分拣系统本身只是一套系统工具，由于它的特殊性，整体系统设计必须包括前期的调研、拣货区域及周边作业环境的规划设计、作业方式及作业策略的制定、系统工程实施及系统维护。按照企业发展需求及现有条件，进行合理规划，保证拣货人员简单、直接、快速地完成系统项目目标。

2. 拣货系统与其他设备的配合

除了摘取式和播种式两种作业方式之外，电子标签分拣系统还能和很多设备搭配使用来提高拣选效率或是满足某些特定的需求。例如电子标签分拣系统和输送线的搭配使用是最常见的搭配使用方式。根据拣选方式选择按订单拣选还是按箱拣选，物流中心的布局会相应地选择有运力输送线、无动力输送线或是两者的搭配使用。

3. 在输送线的后端搭配使用称重系统

这种方式的好处是：

（1）在拣选完成后称重得出的重量可以用来和 WMS 系统中这次拣选的商品的重量进行对比，如果在误差范围内，说明这次拣选基本没有出现差错，反之，则表明拣选出现了差错。

（2）在拣选完成后称重得出的重量，还可以用来和订货厂商或配送对象接收时的收货重量进行对比，并以此来确认出现差错的责任人。

4. 扩展软件功能

在软件方面，还可以通过一些功能来提高系统的使用效率，解决系统使用中的故障，加强物流中心的订单、拣选作业、人员等各种情况的管理。

电子标签分拣系统的运用基础建立在正确定义拣货元素（如拣选单元、策略、动线、资讯、设备、部门等），各元素中不同的方法可组成不同拣货作业模式，元素分得越细，可组成的作业系统越全面，定制的系统功能也将越有实效。系统功能的定制，不仅可以从客户的需求出发，而且可以给予考量拣货元素的监督不同来定制。在满足当前作业的前提下，也需要考虑未来对系统功能的需求。

相同的作业场景，可以有不同的作业方式和作业策略。不同的作业方式和策略有不同的流程，所以选择最合理的作业方式和策略其实是选择最合理的作业流程，针对一个作业场景，可以提出多种合理的流程设计。不同的流程设计通常有不同的侧重点。通过与订货厂商或配送对象的探讨，找到用户的关注点，满足其需求的流程才是电子标签分拣系统的成功的实际应用。

4.4 分拣系统典型供应商及案例

随着科学技术的进步，市场对电子标签分拣系统的需求越来越大，提供电子标签分拣系统的企业越来越多，这些企业不断根据市场上的需求提供定制化设计，下面我们一起来了解提供电子标签分拣系统的供应商及相应的应用案例。

4.4.1 分拣系统典型供应商

1. 上海上尚自动化技术有限公司①

上尚科技（Atop）自1989年成立以来，秉持着“创新（Innovation）、智能（Intelligence）、整合（Integration）、坚持（Insistence）”的信念，致力于工业自动化领域的产品开发，多年来不断投入研发、生产，为提供客户专业的产品和服务。在多年经验和领先技术的累积下，目前上尚科技主要致力于提供一系列现场监控网关（The Frontline Gateway to the Network）之完整解决方案的产品，并以现场监控网络化解决方案的最佳伙伴（Your Network Enabler）自居，以创造客户价值为公司的目标。

上尚科技的技术团队，主要源自于工研院电子所工业自动化的精英，其累积20年之经验，产品发展从自动辨识资料搜集（AIDC）推展至电子

① http://www.atop.com.tw/cn/about.php?pc_id=1。

标签于物流拣货应用（CAPS），至近年 Internet 之兴起，率先推出以 TCP/IP 架构为基础之现场设备联网服务器（Network Gateway）系列产品，可以将串口资料和数字输出、入信号等，转换成以太网络（Ethernet）和无线网络（WLAN）接口，不论是采用外接或嵌入（Embedded）方式，都可直接连接网络，无限延伸客户的产品价值和应用领域。

上尚科技是通过 ISO 9001 认证的专业制造商，从产品的研发、设计到生产，所有的流程皆以符合最佳品质为最高原则。产品不但获得国际大厂如台积电、华邦、旺宏、宏棋、纬创及华硕等的肯定，同时，也屡次荣获科学园区管理局所颁发的优良创新产品奖项。

目前上尚科技之相关产品包含：①工业级嵌入式计算机；②工业级串口服务器；③工业级以太网交换机；④工业级门禁及 I/O 系统；⑤网络视频服务器；⑥自动辨识与资料收集设备；⑦电子标签辅助拣货系统。

上尚科技期许能将先进的产品及技术，协助客户完成未来数字化、网络化 E - Automation 的愿景。

上尚科技电子标签辅助拣货系统的产品系列包括：

（1）控制器。例如，AT500N 滑轨式电子标签转换器，AT500 TCP/IP 滑轨式电子标签控制器。

（2）电子标签。例如，AT505 5 位数电子标签、AT50A - 3W - 523 10 位数 3 窗式电子标签、AT50C 12 位英文数字显示器、AT506 订单显示器、AT510M 音乐型完成器、AT511 区段指示器、AT520 RS232/DIO 界面盒、AT530 RS232 转换器。

（3）冷冻环境电子标签。例如，AT505L 5 位数电子标签（冷冻环境）、AT506L 订单显示器（冷冻环境）、AT50CL 12 位英文数字显示器（冷冻环境）、AT511L 区段指示器（冷冻环境）、AT530L RS232 转换器（冷冻环境）、AT510L 完成器（冷冻环境）。

（4）位置设定设备。例如，AT540 位置设定器。

2. 爱鸥自动化系统（上海）有限公司[①]

① http：//www. aioisystems. com。

（1）爱鸥公司概况

爱鸥自动化系统（上海）有限公司是电子标签拣货系统的专业制造商。母公司爱鸥系统株式会社始创于 1984 年，至今已有 24 年的电子标签开发、设计、安装、维护经验，并且在电子标签硬件设备上拥有独立开发、控制软件系统、DPS 电子标签拣货系统、DAS 电子标签分拣系统。爱鸥公司的电子标签硬件设备和电子标签应用软件系统在欧洲地区、北美地区、日本、韩国、中国台湾等地区和国家得到广泛的应用，客户遍及流通、医药、烟草、服装、电子、汽车等行业，目前已在世界上获得了 70% 的市场份额。

2002 年，爱鸥公司在上海成立代表处，正式将其拥有的独特专利技术和全新拣货理念带入中国市场。2004 年，爱鸥公司在中国上海设立爱鸥自动化系统（上海）有限公司，同时成立了生产工厂。

（2）爱鸥公司的电子标签拣货系统。爱鸥公司的电子标签拣货系统简称为 L－PICK 系统，是仅用两根导线输送电力和信号为主要特征，是划时代节省线材系统“AI－NET”产品集群中的一个部分。通用 L－PICK 系统的各类电子标签和辅助设备，可以构筑一个低成本、高信赖度的拣货作业管理支持系统。L－PICK 系统可以根据客户的不同情况进行合理配置，所以 L－PICK 系统一定将会为作业环境提供最大限度的支持。

系统结构图如图 4－10 所示。

· 系统构成部分

①控制器。通过 AI－NET 对各种 TW 系列产品设备进行控制。主要种类有：PCI 总线控制卡、RS－232C 型控制器和 TCP/IP 控制器。每台控制器最多可连接 32 台接线箱。另外还有适合小规模系统使用的小型控制器。

②接线箱。为电子标签提供电力和信号的装置。一台接线箱最多可连接 160 个电子标签（按 3 位数字电子标签计算）。另外还有便携式小型接线箱可供选择。

③电子标签。主要用于作业指示，即通过电子标签亮灯和数字显示来指示拣货作业。还可用于拣货完成的确认，即在拣货作业完成后，按下亮灯的电子标签确认键，告知系统拣货作业已经完成。可供选择的电子标签种类很多，有无数字、带有确认按钮的电子标签，也有可显示 1～5 位数字的电子标签以及其他电子标签。电子标签的七段码所显示文字的标准高度

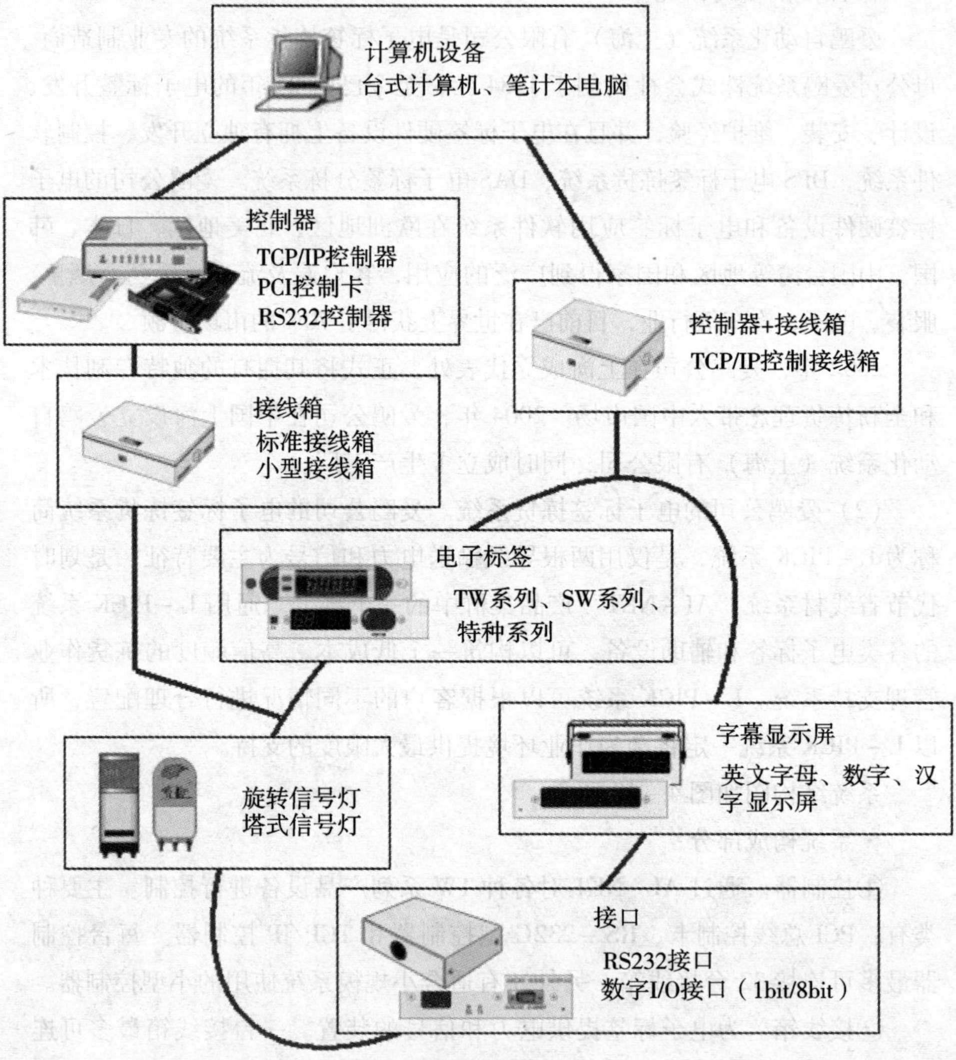

图 4-10　系统结构

为 14.2 毫米。

④信号灯。在每一区段作业范围内显示作业状况的指示灯，也可在电子标签发生故障时做提示用的警告灯。有旋转型、单一型和塔形信号灯可供选择。

⑤字幕显示屏。可用于显示每一区段作业的内容，大型显示屏还可用

于实时显示作业进度情况，同时也可以提示下一作业区域的区域号。

⑥接口装置。用于在 AI－NET 上传输扫描抢输入的条码数据或传感器接收的信号，还可以把数据输出给 PLC 和标签打印机。有各种型号的硬件接口设备可供选择。

· 规格特点

①电子标签硬体设计为导轨型不需每一个标签配线。

②种类多、功能佳、稳定性高。

③超大按键、超亮 LED 数字。

④采用双备援电子线路设计。

⑤标签 IP 地址设定由计算机主机端设定控制。可自由移动调整标签对应之库位。

⑥故障时系统会显示故障标签设备之位置。

⑦更换标签不用关闭电源可直接更换。安装、维护最简单、最快速。

⑧标签工作温度环境范围－30℃～50℃（冷冻～常温）。标签工作湿度环境范围 0%～80%。

⑨标签测试报告：测试按键环境气温——平均 20.8℃；湿度——平均 51.2% RH 打点机压下速度 500 次/分钟；压下强度——0.588（N）以上；测试结果——按键保证（300 万次）正常使用下可达（516 万次）。

· 电子标签分拣系统的优点

①不需要任何书写的无纸化作业。

②不需要库位寻找的按电子标签亮灯指示作业。

③不依赖熟练作业人员的、无须思考的零判断作业。

④作业人员的走动路线缩短，能做到最短距离化。

⑤计算机系统可自动下达作业指示，作业人员无须等待。

⑥作业效率可成倍提高。

⑦作业差错率可接近于零。

⑧计算机进行实时监控，作业状态可实时反映。

· 电子标签分拣系统的方式

①摘取式电子标签分拣系统（DPS）。摘取式电子标签分拣系统是在拣货操作区中的所有货架上，为每一种货物安装一个电子标签，并与 L－

Pick 系统的其他设备连接成网络。控制电脑可根据货物位置和订单清单数据，发出出货指示并使货架上的电子标签亮灯，操作员根据电子标签所显示的数量及时、准确、轻松地完成以“件”或“箱”为单位的商品拣货作业。由于 DPS 在设计时合理安排了拣货人员的行走路线，所以减少了操作员无谓的走动。DPS 系统还实现了用电脑进行实时现场监控，具有紧急订单处理和缺货通知等各项功能如图 4－11 所示。

图 4－11　摘取式电子标签分拣系统

②播种式电子标签分拣系统（DAS）。播种式电子标签分拣系统是利用电子标签实现播种式分货出库的系统。DAS 中的储位代表每一客户（各个商店、生产线等），每一储位都设置电子标签。操作员先通过条码扫描把将要分拣货物的信息输入系统中，下订单客户的分货位置所在的电子标签就会亮灯、发出蜂鸣，同时显示出该位置所需分货的数量，分拣员可根据这些信息进行快速分拣作业。因为 DAS 系统是依据商品和部件的标识号来进行控制的，所以每个商品上的条码是支持 DAS 系统的基本条件。当然，在没有条码的情况下，也可通过手工输入的办法来解决。

4.4.2　分拣系统典型案例

1. Atop 电子标签辅助拣货系统 KS－publishing 案例介绍①

① http：//www. vertinfo. com/main/companynews. asp？id＝4467&cid＝5805。

ABLEPick 是一套电子标签辅助拣货系统（Digital Picking System），电子标签辅助拣货系统在国内外物流中心在拣货作业上的使用相当普遍，特别是对于多样、少量的拣货形态。而采用电子标签拣货系统作为拣货辅助工具的目的，是要藉由其低错误率、高拣货效率、易于使用等特性，来提升整体作业品质，更进一步降低作业成本，增加利润收入。其在拣货策略上之应用，可分为摘取式（Pick - to - light）及播种式（Put - to - light）两种，以下是 ABLEPick 应用在图书物流中心的实际案例。

KS 物流中心小档案：

成立：1995 年 4 月

型态：通过型物流中心

业务：连锁书店体系之图书理货与配送

人数：120 人

物流中心面积：4470 平方米

物流作业：8 条 Put - to - light 电子配货线、每线可以处理 92 家店

由于其所负责配送之连锁书店体系的商品主档多达 10 万多笔，在新书上市的前 3 个月的销售量约占总销售量的 30%，畅销品与非畅销品间的数量差距非常大；再加上图书业竞争激烈，新品与畅销品的补货作业关系着店铺的竞争力。基于物流中心内部空间坪效与成本的考量，为每一项商品保留库存几乎是不可能的事，上游业者的配送时间较不易掌握，而店铺对于配送时间的要求日益增强，在此情况下 KS 物流中心只有反求自身，压缩物流时间以求达到快速配送的目的。因此，KS 物流中心筹划成立之初就积极地规划导入播种式电子辅拣捡取系统。

导入播种式电子辅助拣取系统之后的效益评估，在下列的表格中显示得相当清楚，物流中心内 90% 以上的商品经由电子标签配送出去，其错误率可降至十万分之二以下，比一般采用摘取式系统的厂商所统计出来的错误率万分之二更低。另外此套系统使用在新书的配货上比使用在补书的配货工作上更具效益（400:250），原因是新书的订购率高，几乎每一家店都订购，在进行配书工作时行走路径最具效益并且不需寻找时间所以效益较高，如表 4 - 2 所示。

表 4-2　导入播种式电子辅助拣取系统后的效益

	ABLEPick 导入前	ABLEPick 导入后
配货方式	人工配货	电子辅助配货
出货单	件数、数量	箱单明细
每人时处理量	100	250～400
配货错误率	>0.1%	0.002%

电子辅助拣取系统系统除了有作业上的效益之外，最大的效益在于管理层面上，这些系统效益不是从数字上可以统计出来的，往往为人们所忽视但却是信息化作业的精神所在。

以往 KS 物流中心进行验货时只能抽验或是旷日费时地进行全数验收作业，系统导入之后经由电子标签配货的货品在配货的同时即同步进行验收作业；配送货品给店家时亦可以通过电子标签系统的资料收集打印出箱单、出货汇整表，送货时与店家进行交货对点时既快速又正确。其他如配货人员的工作效率评核、物流中心作业能量的评估等管理绩效评估作业皆可以应用电子辅助拣取系统货现场资料的收集提供管理报表，作为日后流程改善的依据。

2. 电子标签辅助拣货系统在医药流通业的应用①

物流管理已成为商品流通业新的经济增长点，也是其实现增值服务的有效手段，信息化成为促进传统仓储业向现代物流转型的有效途径。其中医药物流作业体系的强壮性，就成为保证物流业务持续快速增长的关键因素。

随着我国医药物流中心的不断发展壮大，其物流作业体系的强壮性就成为保证物流业务持续快速增长的关键因素。因此，引入先进的物流设施使物流作业体系向自动化、半自动化方向发展是现代医药物流中心的必然趋势。

从 2004 年开始，电子标签辅助拣货系统在我国医药物流领域有了兴起的趋势，但实际运用效果却不明显。其主要原因在于：传统的人工作业模

① 张凌辉. 2009-7-5. http：//articles. e-works. net. cn/scm/article68750. htm。

式尚能满足我国大多数区域药企的业务规模，半自动化的优势在人工作业面前并不突出；电子标签技术在以“批次管理”为特点、以拆零作业为主的医药物流领域还没有探索出一条成熟的运作模式；我国缺少能将上述系统和人工作业很好整合在一起的物流实施集成商。不过，随着华东各省药监部门明确对电子标签设备使用的要求，并逐步将其纳入新办医药物流企业申报审核的必查条款中，如何将这些现代化的设施充分利用，已成为大中型医药物流企业必须探索的课题。

（1）硬件架构。在电子标签辅助拣货系统的规划上，一般采用适合医药物流行业作业特点的六储位一标签方式，其硬件架构如下：

①通过一般 Ethernet 网络架构，采用 TCP/IP 通信协议来控制电子标签。

②系统软件以 Windows95/98/2000/2003/XP/NT、LINUX 和 SCO UNIX 操作系统为平台。

③在 Windows95/98/2000/2003/XP/NT、LINUX 和 SCO UNIX 操作系统下，一部个人计算机以闲置可用的 IP 数来决定可接多少电子标签，系统架构中每一个 TCP/IP 控制器（UC7408/7410/7420）最大可连接约 256 个电子标签。

④电子标签系统主控计算机与 TCP/IP 控制器间，用 TCP/IP 通信协议进行通信，传输速度可达 10Mbps 或者 100Mbps。

⑤通过一般局网将 MIS 下传之拣货资料由一部主控计算机负责整个拣货逻辑与 HY6AI 电子标签系统组件的搭配运作。

（2）硬件组件说明。

①TCP/IP 控制器：负责管控电子标签通信收发，每个控制器在使用上约可控制 256 个标签。

②标准型 6 位数电子标签：在标签的面板上，除了灯号与按键外，尚有一可显示数量的 6 位数 LED 显示器，此标签将装于每个拣货储位上，辅助拣货。

③完成器：它的作用是当某一拣货小区域作业完成时，即被启用，灯亮且蜂鸣器响起，用以提示作业者该区已完成拣货。

（3）拣货区规划，如图 4－12 所示。

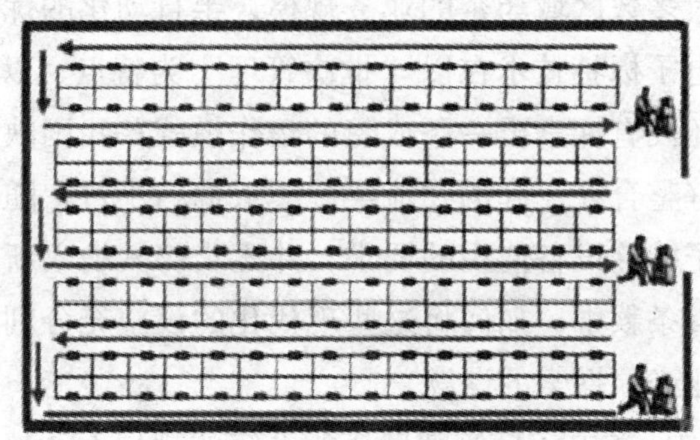

图 4－12　拣货区域规划

①拣货区域划分。整个电子标签拣货区储位有 39 排 ×4 组 ×Y 个货位，因此建议在拣货区设 22 个走道，其中有的走道可以实现双边拣货，标签货架位置。如图 4－13 所示。

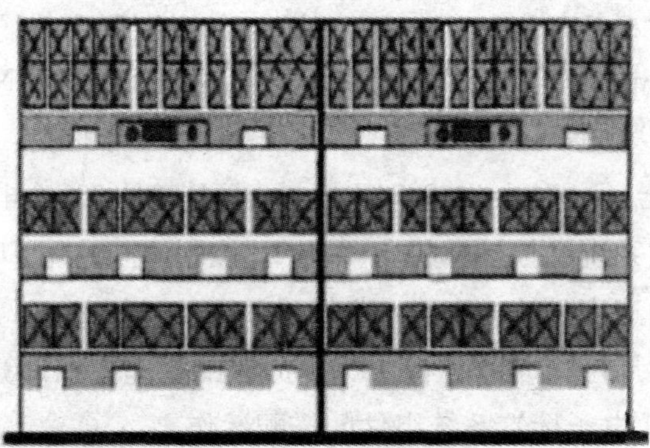

图 4－13　标签货架位置

每个通道可同时拣取不同的出库订单，每个通道即一张订单最基本的拣货区域范围；整体的拣货作业逻辑规划，拟采用“一人一单、跳跃式”的作业方式来完成拣货作业：所谓“跳跃式”拣货，即由电子标签的指示通知，以提示拣货人员不必经过不必要拣货的区段，以提升拣货作业效率，作业者完全依照标签指示行进，直至将某张订单拣取完毕。

②电子标签配置。整体拣货区及各区域的基本配置如下：

各拣货区出口或入口端配置一个下一通道指示器，当进行跳跃式拣货时，用以显示下一个目的通道，以便于告知拣货人员顺利前往。每 1/N 个储位上皆装设一个标签与之对应。各拣货区出口端则配置一个完成器，以作为完成该区拣货之指示与确认之用。

③标签作业流程。根据规划和设计，仓库发货的每张拣货订单及其拣货步骤如下：

A. 作业人员先到控制计算机加载本批次订单，接着作业人员即可进行拣货作业，无须再回到计算机处进行相关作业。

B. 开始所显示的是待拣的第一张订单，并直接前往其起始通道区进行拣货。

C. 在目的拣货通道入口端，先查看订单显示器上所显示的订单资料，是否为自己负责的订单；若不是，等待其显示。然后开始按照标签指示拣货。

D. 拣货完成时，蜂鸣器响起，则再查看下一通道指示器上所显示的信息：倘若所显示的如图4－14：则表示该区已完成，需至另拣货区（如第3区）继续拣货，拣货员只要按下完成器上的红色确认键即可。重复上一步骤。

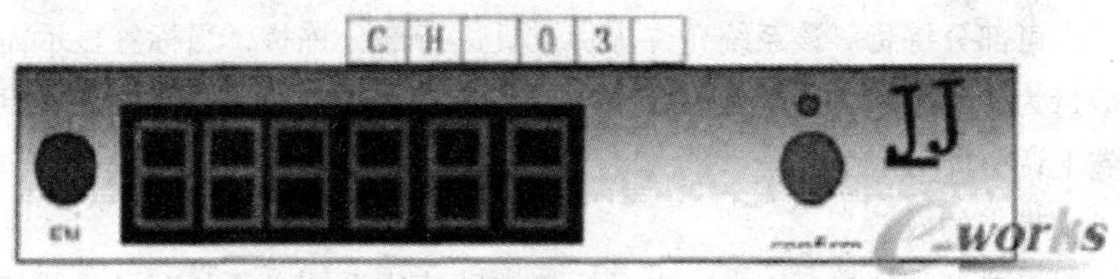

图4－14 电子标签状态

倘若所显示的如图4－15：则表示该订单已全数拣货完成，可离开。

图4－15 电子标签状态

（4）电子标签作业特色。

·作业特点

经过多方考察和与软硬件系统供应商的多次认证，电子标签规划方案充分考虑医药物流行业零散批次拣货作业量大的特点，对商贸流通企业和物流企业而言具有如下功能：

①现场动线规划。作业现场采用多通道，订单数增加时，多人可同时拣货，极大地提高了作业效率。

②一人一单拣货。一个拣货人员一次负责一张拣货订单，从开始到完成，能够有效避免发货差错。

③跳跃式拣货。由于拣货动线较长，整体采用多通道式，因此在规划上使用“跳跃式”拣货，以越过不需要拣货的通道，当拣货员在一个通道完成拣货，准备离开时，电子标签会指示拣货员下一个目的通道或者告知拣货员该订单已全数完成，如此可缩短拣货路径，提升拣货效率。

④调单作业。拣货顺序是不固定的，因此系统必须具有可更改订单拣货时的排列顺序的功能：针对紧急出货订单要求，将订单插入序列任一位置中，以提前完成该订单拣货。

⑤可部分拣货。该系统允许拣货人员进行部分拣货，当标签显示需拣货数量为3。但储位上数量只剩2，则人员可选择只给两个，即只要在直接标签上调整即可。

·带来的效益

对于典型的大流通企业，电子标签辅助拣货系统必须具有可显示如下信息的功能：品种和库位指示、出库数量显示、完成信息确认。

电子标签辅助分拣系统使拣货成为一种简单的劳动，拣货员只需要完成看（灯光、数字）、拣（物品）、按（确认按钮）、听（完成器蜂鸣器声音），真正做到无须寻找、无须思考、无须等待、无须核对，最大限度地提高拣货的效率。

电子标签和货架的配置原则是：两个托盘货位配一个电子标签；搁板货位在直径2米内多个货位配一个电子标签；电子标签分段显示，包括目标货物的位置和需拣选的数量，同一电子标签代表的不同货物依次显示，从而实现“一对二”或“一对多的”拣选作业。

与传统的纸张拣货单方式相比，电子标签辅助拣货系统可达到如下目的：

①利用电子标签拣货，可大大加快拣货速度，提高拣货的准确率，提高拣货效率，降低拣货成本。

②实现无纸化作业，不需要打印出库单、分拣单等纸张单据。减少了出库前单据处理时间，节省纸张。

③利用电子标签拣货，操作简单可靠，任何人员经过几分钟简单培训可上岗，降低人员培训成本。

④拣货控制软件，不仅可实时监控拣货过程，记录拣货状况，还可以进行实时补货提示，辅助盘点作业，并且可以和物流配送系统无缝连接。

电子标签辅助拣货系统在我国医药物流行业的使用正处于兴起阶段，在其他商贸流通行业的运用也具有多种模式，然而整体使用效果还不够成熟。电子标签辅助拣货系统的规划和实施，较好地结合了电子标签和医药物流业的特点，对其他具有类似作业特点的企业有一定的借鉴意义，相信电子标签辅助拣货系统在我国商贸流通行业的运用也会越来越广泛。

3. 上海可的冷链播种式电子标签分拣系统①

（1）业务背景。由于门店要求配送低温的货品，所以可的物流就需重新考虑低温货品从供应商到门店的配送方案。由于低温货品的特殊性（其要求存储温度低、保质期短等），所以无法采用常温商品的配送方案解决。因此，对于这种低温货品倾向以门店为单位进行配送，同时考虑到配送效率问题，所以决定采用播种式电子标签拣货系统来解决这个问题。

（2）操作流程。

①播箱。由于播种式拣货系统在拣货单生成的时候，并未给门店分配周转箱，所以需要在拣货的时候，把周转箱与门店对应起来。因此，在开始拣货以前，需要给每一个门店分配一个周转箱来装纳该门店的拣货货品，这个过程称为播箱。

②收货。由于低温货品的保质期都很短，并且低温货品存储的成本也

---

① 中国工控网，http：//www. gongkong. com/Common/Details. aspx？ c = 3&m = 21&l = &Type = paper&CompanyID = 8 – B9F2 – 1F2B4D8D438E&Id = 1 – 934C – 8EEF3CBB3ACC。

很高，所以订单都是当天上午给供应商，当天下午供应商送货到物流中心，并在拣货前进行收货的。考虑到冷链货品在生产、存储上的特殊性，供应商有可能生产的数量与实际需要的数量有偏差，所以允许供应商送货数量与定货数量之间有一定范围的波动。

③补货。收完货以后，接着做的就是进行补货作业了，也就是将货品从存储位移到拣货位上，这个动作是在收货完成后立即做的，完成后就可以进行拣货了。

由于有些货品看起来比较像，而实际上却并不是同一货品。为了让拣货人员容易地区分箱内装的是不是另外一个货品，在每个货品补货开始时，就在该货品的第一个箱子上夹一个不同颜色的塑料夹子，以示区分。

④拣货。第一组货架的拣货人员在看到货品塑料夹子时，就需要把这个货品通过扫描的动作来确认该货品拣货开始，后面的拣货人员则只需要按照电子标签上显示的数量拣放到对应货位的周转箱里即可。

⑤换箱。在实际的拣货过程中，常常需要几个周转箱才可容纳门店所有的货品，因此，就需要在实际的拣货过程中，为门店分配更多新的周转箱来装其他货品，这个过程称为换箱。

⑥集货。在所有的货品拣货完成后，需要把装一个门店货品的所有周转箱都放到一个地方，这个过程称之为集货。在实际过程中，一个门店的周转箱装满货物后，就会把这个周转箱放到该门店的集货位上去，这样可以把最后的集货工作分摊到拣货过程。

⑦周转箱复核。在门店的周转箱集货完成后，为了防止运到门店的周转箱数量弄错，或具体的周转箱放错门店集货区，就需要进行周转箱的复核工作。这就需要把门店所有的周转箱都复核一次，这个过程也是比较耗费时间的（未来考虑采用 RF 来代替周转箱上的条码扫描，这样就可以批量地进行周转箱复核了），大幅度提升复核效率。

⑧装车。在复核工作完成，并确认门店周转箱没有弄错之后，就会把所有门店的所有周转箱都放到专门的低温车上，然后再运到门店去。

（3）系统构成。可的播种式电子标签分拣系统构成如图 4 – 10 所示。

在可的冷链物流的 DAS 拣货系统中，使用了扫描枪、三码显示标签、五码显示标签。在播箱时，拣货人员先按一个对应门店的三码标签，然后再扫描相应的周转箱，这样就把门店和周转箱对应起来了。然后收货人员通过 RF 手持终端来收货，收货的时候，要检查供应商送货时车厢里的温度是否超过该货品的存储温度。一个货品收完货后，接着就进行补货，从效率上考虑，DAS 系统使用电子标签进行补货，一个补货人员扫描了货品条码后，在五码标签上就会显示该货道需要拣货的数量，然后补货人员以这个数量为准进行补货即可。

紧接着就是拣货了，负责第一组货架拣货的人在开始一个货品的拣货前，需要通过扫描枪来确认该货品开始拣货。在拣货过程中，如果某个周转箱已经放满货品，无法再容纳其他货品的时候，需要进行换箱。拣货人员这时就需要先扫描一个货位条码，然后再扫描新的周转箱条码来达到货位代表的门店与周转箱对应关系的建立。在实际拣货作业中，收货、补货和拣货的动作是可以同时进行的，也就是说，一个货品在拣货的时候，另外一个货品已经在补货，其他的货品已经在收货了。

在所有货品拣货完成后，每组货架后面的集货指示灯就会蜂鸣，然后集货人员就会进行集货，复核人员进行复核，然后就是最后的装车出货了。

（4）运行情况。从可的播种式电子标签拣货系统（DAS 系统）试运行至今，经过了不断的调试和改进等，系统已经平稳进入正式运行。

系统试运行初期，DAS 系统每天需完成 50 个货品、30000 件货品的拣货作业。但由于系统不是很稳定，有时采用纸质单据进行拣货，拣货人员需从每下午 2 点开始，一直要忙到晚上 12 点多才能完成拣货任务，且拣货准确率也难以保证。

经过十几天的试运行，系统现已进入平稳运行阶段，DAS 系统每天能够为 300 多个货品、近 200000 件货品进行拣货，且拣货人员只需从每天下午 3 点开始，晚上 9 点半就能结束，这 6 个半小时还包括了拣货人员吃晚饭的时间。同时，拣货的准确率始终保持较高水平。

（5）结束语。企业是否应该采用电子标签提高拣货效率，主要看是否有以下三方面要求：一是服务时间要求，二是准确率要求，三是成本要求。

从成本角度来看，现阶段我国劳动力成本较低，相比之下电子标签的成本似乎要高很多。但随着市场竞争的加剧，企业对服务时间和准确率的要求不断提高，企业需要权衡费用和效率间的关系，不能一味地靠增加人力投入来满足对服务时间和准确率的需求。因为一方面单纯的人力补充不可能从根本上提高效率；另一方面从长期来看，人力成本的累加也是一笔不菲的支出。企业应该根据自身情况，结合自身发展目标，准确判断是否需要通过电子标签系统来实现自身对拣货效率及准确性的提高。希望通过可的冷链物流的DAS系统的成功应用，为其他企业在电子标签系统的选择和应用上提供可供参考的经验。

5　RF 分拣系统

5.1　RF 分拣系统概述

5.1.1　RF 分拣系统的工作原理简介

RF 是 RFID 的英文“Radio Frequency Identification”的缩写，也就是射频识别技术。射频识别技术是 20 世纪 90 年代开始兴起的一种自动识别技术。与其他自动识别技术一样，射频识别实际也是由信息载体和信息获取装置组成的。其中信息载体是射频标签，获取信息装置为射频识读器。射频标签和射频识读器之间利用感应、无线电波或微波进行非接触双向通信，实现数据交换，从而达到识别的目的。

RF 分拣系统在工作时是通过无线式终端机，显示所有拣选信息，其原理是：利用掌上计算机终端、条码扫描器及 RF 无线控制装置，将订单资料由计算机主机传输到掌上终端，拣货人员根据掌上终端所指示的货位，扫描货物上的条码，如果与计算机的拣货资料不一致，掌上终端就会发出警告，直到找到正确的货品货位为止，如与计算机的拣货资料一致就会显示拣货数量，根据所显示的拣货数量拣货，拣货完成后按确认按钮即完成拣货作业，信息利用 RF 传回计算机主机同时将库存数据扣除更新。

5.1.2　RF 分拣系统的特点

1. RF 分拣系统的特点

RF 系统采用无线射频技术，用无线电波对记录媒体进行读写。射频识别的距离可达几十厘米至几米，且根据读写的方式，可以输入数千字节的信息，同时，还具有极高的保密性。能在远程进行无线的信息交换，非常利于流动作业时的信息交流，主要有如下特点：

（1）提高货品资料的正确性。RF分拣能够实时控制管理在库的各储位及各作业点的数据，正确掌握每一时刻的在库资料。

（2）提高效率。RF使用设备自动登录数据，效率高、速度快，提高在同样人力使用条件下的效率。以物流中心的成本组成来看，人工成本占总成本的70%，是主要的支出成本。因此如果要想降低成本，增加竞争力，最好的方式便是降低人工成本，在物流中心各项活动中，所需要的人力分布上，有40%～50%的人力在做分拣的工作，RF可以取代人工分拣的大部分工作。

（3）交谈式信息交换。提供入库上架、补货、拣货等作业的指令与指示、确认与更正错误。

（4）减少文件工作。所有作业登录的资料、库存记录等皆存于计算机之数据库，减少文件之分发抄录工作。能实现办公作业的无纸化。RF可以免除传统的检查、查账作业，不需要逐一清点货品的数量、存放位置，提升物流管理的准确性。例如RF可以确保收货过程中作业处理的正确性。

（5）提高时效性。RF实时传送处理，提高各项作业的时效，消除文件因键盘输入时间的延迟而耽误时效。

（6）加快处理速度。RF可以有效加速相关作业的处理速度，更快满足订单，使货品在客户要求期限内交付。例如，物流中心可以根据供应商的出货资料利用电子资讯来加速收货过程。因为物流中心将会面对大量的供应商，所以使用RF可以节省从卸货到入库的时间，增强对货品的识别能力。分拣人员不需要再逐个扫描货物条码，进而加快了全部的作业处理程序。使用RF可以让分拣人员将装着货物的栈板直接装运，除去检验和装货人员的重复工作，增加产出，减少周转区域的拥挤。

（7）确保产品质量。在仓储物流过程中可以有效控制产品的生产日期，除有效日期以及相关的货品质量。

（8）有效跟踪物流动态。RF可以增加货物流通过程的能见度和咨询的正确性，减少存货持有的成本和搬运成本，此外，整个供应链使用RF

还可以使得各个公司的产品需求预测更为精确，存货管理更加方便。同时还可以通过物流中心的装置的读取设备，避免含有 RF 标签的货物被偷窃和数量不正确的情况发生。

2. RF 分拣技术与其他自动识别技术的比较，如表 5－1 所示

表 5－1　RF 分拣技术与其他自动识别技术对比

比较项目＼自动识别技术	条　码	光字符	磁　卡	IC 卡	射频识别
信息载体	纸或物质表面	物质表面	磁条	存储器	存储器
信息量	小	小	较小	大	大
读写性	只读	只读	读/写	读/写	读/写
读取方式	光电扫描转换	光电转换	磁电转换	电路接口	无线通信
人工识读性	受制约	简单容易	不可能	不可能	不可能
保密性	无	无	一般	最好	最好
智能性	无	无	无	有	有
受污染/潮湿影响	很严重	很严重	可能	可能	没有影响
光遮盖	全部失效	全部失效			没有影响
受方向和位置影响	很小	很小		单向	没有影响
识读速度	低（约 4 秒）	低（约 3 秒）		低（约 4 秒）	很快（约 0.3 秒）
识读距离	近	很近	接触	接触	远
使用寿命	较短	较短	短	长	最长
国际标准	有	无	有	不全	制定中
价格	最低		低	较高	较高

通过比较，我们可以看出 RF 分拣系统的优缺点，它的优点有以下几点：

（1）快速扫描。RF 识别器可同时辨识、读取数个 RF 标签，可以显著提高物流效率。

（2）体积小型化，形状多样化。RF 在读取上并不受尺寸大小与形状

的限制，不需为了读取精确度而配合纸张的固定尺寸和印刷品质。此外，RF 标签更可往小型化与多样化形态发展。例如，便携式数据终端（PDT），近年来，它的应用逐渐多了起来。便携式数据终端一般包括一个扫描器、一个体积小但功能很强并带有存储器的计算机、一个显示器和供人工输入的键盘。在只读存储器中装有常驻内存的操作系统，用于控制数据的采集和传送。PDT 存储器中的数据可随时通过射频通信技术传送到主计算机。操作时先扫描位置标签、货架号码，产品数量就都输入到 PDT，再通过 RF 技术把这些数据传送到计算机管理系统，可得到客户产品清单、发票、发运标签、该地所存产品和数量等。

（3）抗污染能力强，并且具有耐久性，可以重复使用。现今的条码印刷上之后就无法更改，RF 标签可以重复地新增、修改、删除数据，方便信息的更新。

（4）穿透性和无屏障阅读。它不局限于视线，识别距离比光学系统远，由于 RF 标签具有可读可写能力，在需要频繁改变数据内容的场合尤为适用。

（5）数据的记忆容量大。射频识别卡可具有读写能力，可携带大量数据。

（6）安全性高。其数据内容可经由密码保护，难以伪造，且有智能。

（7）射频卡不易损坏，可识别高速运动的物体，能同时识别多个射频卡，操作快捷方便。

与此同时，我们也可以看出，RF 射频识别技术与其他自动识别技术相比，也存在着缺点，大概有以下几个方面：

（1）RF 标签的价格偏高，易受干扰，这样制约了它的广泛应用。要获得行业内广泛应用，标签的价格必须降到一定的范围之内。除此之外，标签的应用要与阅读器相配也离不开系统集成软件的支持，系统集成工作具有相当大的挑战性，耗费的成本也相当高。

（2）技术标准也是制约 RF 发展的一大障碍。现有协议过多过滥、术语不统一，更重要的是，缺乏全球共同遵守的权威统一的标准，RF 难以在实践中不断完善。RF 采用频段之争又是一大障碍。要用 RF 技术实现全球物流领域的信息交换，必须有全球统一的物流 RF 频段。

（3）技术复杂，很多企业并没有运用到此技术，所以应简化过程，才能受到更多企业青睐。

总而言之，即使射频技术存在一定的不足，但是随着计算机网络技术与现代通信技术的发展，为全球范围内高速正确的数据传输提供了条件，也为RF技术在物流行业的广泛应用带来了机遇。RF技术的应用，对于以信息化为基础的现代物流管理来说尤为重要，所以这也就是目前受越来越多人和企业重视的原因。

5.1.3 RF分拣系统的组成

对RF分拣系统的概述，我们可以得出RF分拣系统主要有RF射频标签、RF识读器以及RF计算机网络几部分构成，如图5－1和图5－2所示。

图5－1 RF射频识别系统

RF射频标签是RF射频识别系统中存储可识别数据的电子装置。RF识读器是将标签中的信息取出，或将标签所需要存储的信息写入标签的装置。RF计算机网络系统是对数据进行管理和通信传输的设备。

下面简单介绍RF射频标签和RF识读器的知识。

1. RF射频标签

通常RF射频标签是安装在被识别对象上，存储被识别对象的相关信息的。标签存储器中的信息可由RF识读器进行非接触读或写。标签可以是“卡”，也可以是其他形式的装置。非接触式IC卡中的远耦合识别卡即属于射频标签。

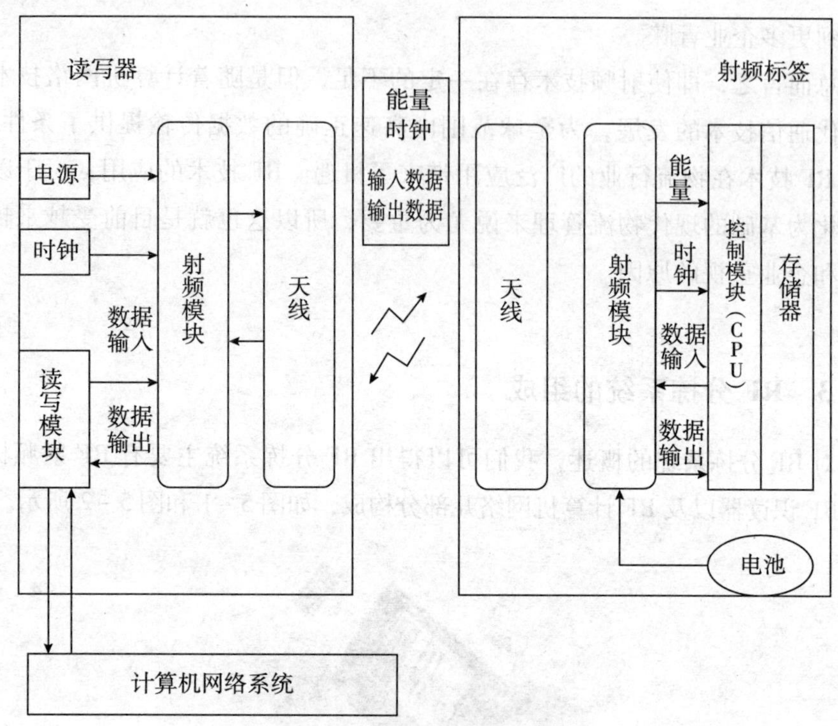

图 5-2 RF 射频识别系统的组成

（1）RF 射频标签的构成。RF 射频标签一般由调制器、控制器、编码发生器、时钟、存储器及天线等组成，如图 5-3 所示。

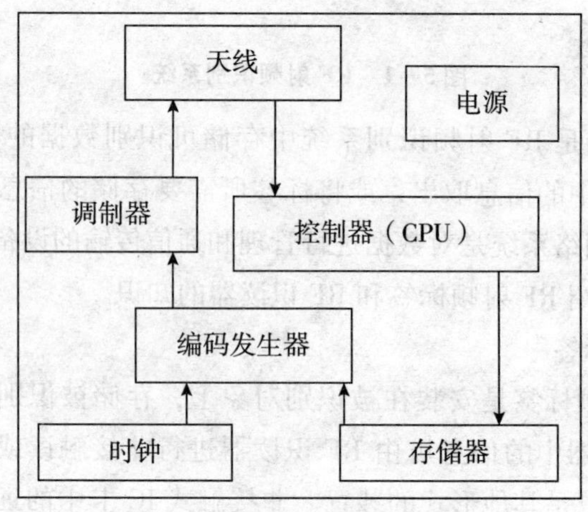

图 5-3 RF 射频标签的组成

时钟把所用电路功能时序化，以使存储器中的数据在静区的时间内传输至识读器，存储器的数据是应用系统规定的唯一性编码，标签安装在识别对象上，数据读出时，编码发生器把存储器中存储的数据编码，调制器接收编码发生器编码后的信息，并通过天线电路将此信息发射、反射至识读器。数据写入时，由控制器控制，将天线接收到的信息编码后写入存储器。

（2）RF 射频标签的分类。RF 射频标签的分类有很多种方式。

①主动式标签、被动式标签。根据 RF 射频标签工作方式分为主动式、被动式两种类型。在实际应用中，必须给标签供电它才能工作，虽然它的电能消耗是非常低的。按照标签获取电能的方式不同，可以把标签分成主动式标签与被动式标签。主动式标签内部自带电池进行供电，它的电能充足，工作可靠性高，信号传送的距离远。另外，主动式标签可以通过设计电池的不同寿命对标签的使用时间或使用次数进行限制，它可以用在需要限制数据传输量或者使用数据有限制的地方，比如，一年内，标签只允许读写有限次。主动式标签的缺点主要是标签的使用寿命受到限制，而且随着标签内电池电力的消耗，数据传输的距离会越来越小，影响系统的正常工作。

被动式标签内部不带电池，要靠外界提供能量才能正常工作。被动式标签典型的产生电能的装置是天线与线圈，当标签进入系统的工作区域，天线接收到特定的电磁波，线圈就会产生感应电流，在经过整流电路给标签供电。被动式标签具有永久的使用期，常常用在标签信息需要每天读写或频繁读写多次的地方，而且被动式标签支持长时间的数据传输和永久性的数据存储。被动式标签的缺点主要是数据传输的距离要比主动式标签小。因为被动式标签依靠外部的电磁感应来供电，它的电能就比较弱，数据传输的距离和信号强度就受到限制，需要敏感性比较高的信号接收器（阅读器）才能可靠识读。

②只读标签与可读可写标签。根据内部使用存储器类型的不同，标签可以分成只读标签与可读可写标签。只读标签内部只有只读存储器（Read Only Memory，ROM）和随机存储器（Random Access Memory，RAM）。ROM 用于存储发射器操作系统说明和安全性要求较高的数据，它与内部的处理

器或逻辑处理单元完成内部的操作控制功能，如响应延迟时间控制、数据流控制、电源开关控制等。另外，只读标签的 ROM 中还存储有标签的标识信息。这些信息可以在标签制造过程中由制造商写入 ROM 中，也可以在标签开始使用时由使用者根据特定的应用目的写入特殊的编码信息。这种信息可以只简单地代表二进制中的“0”或者“1”，也可以像二维条码那样，包含复杂的相当丰富的信息。但这种信息只能是一次写入，多次读出。只读标签中的 RAM 用于存储标签反应和数据传输过程中临时产生的数据。另外，只读标签中除了 ROM 和 RAM 外，一般还有缓冲存储器，用于暂时存储调制后等待天线发送的信息。读可写标签内部的存储器除了 ROM、RAM 和缓冲存储器之外，还有非活动可编程记忆存储器。这种存储器除了存储数据功能外，还具有在适当的条件下允许多次写入数据的功能。非活动可编程记忆存储器有许多种，EEPROM（电可擦除可编程只读存储器）是比较常见的一种，这种存储器在加电的情况下，可以实现对原有数据的擦除以及数据的重新写入。

③标识标签与便携式数据文件。根据标签中存储器数据存储能力的不同，可以把标签分成仅用于标识目的的标识标签与便携式数据文件两种。对于标识标签来说，一个数字或者多个数字、字母、字符串存储在标签中，为了识别的目的或者是进入信息管理系统中数据库的钥匙（KEY）。条码技术中标准码制的号码，如 EAN/UPC 码，或者混合编码，或者标签使用者按照特别的方法编的号码，都可以存储在标识标签中。标识标签中存储的只是标识号码，用于对特定的标识项目，如人、物、地点进行标识，关于被标识项目的详细的特定的信息，只能在与系统相连接的数据库中进行查找。

顾名思义，便携式数据文件就是说标签中存储的数据非常大，足可以看做是一个数据文件。这种标签一般都是用户可编程的，标签中除了存储标识码外，还存储有大量的被标识项目其他的相关信息，如包装说明工艺过程说明等。在实际应用中，关于被标识项目的所有的信息都是存储在标签中的，读标签就可以得到关于被标识项目的所有信息，而不用再连接到数据库进行信息读取。另外，随着标签存储能力的提高，可以提供组织数据的能力，在读标签的过程中，可以根据特定的应用目的控制数据的读出，实现在不同的情况下读出的数据部分不同。

2. RF 射频识读器

RF 射频识读器是利用射频技术读取标签信息，或将信息写入标签的设备。识读器读出的标签的信息是通过计算机及网络系统进行管理和信息传输。RF 射频识读器一般由天线、射频模块、读写模块组成。

5.2 RF 分拣系统作业流程

RF 分拣系统在工作过程中，通常由 RF 识读器在一个区域内发射射频能量形成电磁场，作业距离的大小取决于发射功率。标签通过这一区域时被触发，发送存储在标签中的数据，或根据 RF 识读器的指令改写存储在标签中的数据。RF 识读器可接收标签发送的数据或向标签发送数据，并通过标准接口与计算机网络进行通信。具体流程如下：

（1）RF 识读器经过发射天线向外发射无线电载波信号。

（2）当 RF 射频标签进入发射天线的工作区时，RF 射频标签被激活后即将自身的信息经天线发射出去。

（3）系统的接收天线接收到 RF 射频标签发出的载波信号，经天线的调节器传给识读器。识读器对接到的信号进行解调解码，发送给后台计算机控制器。

（4）计算机的控制器根据逻辑运算判断 RF 射频标签的合法性，针对不同的设定作出相应的处理和控制，发出指令信号控制执行机构的动作。

（5）执行机构按计算机的指令动作。

（6）通过计算机通信网络将各个监控点连接起来，构成总控信息平台。根据不同的项目可以设计不同的软件来实现不同的功能。

我们以配送中心为例，根据配送中心特点，以整箱、整托盘出货为主。选择 RF 中的订单选取功能，来实现选拣货物至指定出货缓冲区。结合配送中心的多品种、小批量配送、中转的特点，故采用 RF 方式或清单选取方式，电子标签不作考虑。

摘取式：使用 RF 按顺序启动某一客户的选拣工作。根据区域及所需商品的货架位置，提示选取路线，至指定货架位，扫描货架条码，选取指定数量至空托盘上，并确认，至下一商品选取，完成后放至该客户的出货缓冲区，所有区域完成后，打印该客户的送货清单，准备配送。

播种式：WMS 系统将某一时段的配送需求，根据浮点批处理原则及取货线路进行优化。将货架区设为若干个工作区域，来优化平衡操作。根据 RF 提示至指定选货位，扫描货架条码、商品条码，选取指定数量的商品至空托盘上，然后进行下一个产品的选取，空托盘堆满后，送至出货缓冲区。在出货缓冲区，使用 RF 的分拣功能，扫描商品条码，根据提示（如 1 区客户 A 配 3 箱，3 区客户 D 配 2 箱）送至指定客户区域并确认，继续下一品种的操作。如某客户所需配送商品已全部分拣完毕，控制中心将自动打印送货清单。该客户配送后，系统将此出货缓冲区域分配给下一客户。

此种拣货方式可以利用在按单分拣和批量分拣方式中，因为成本低且作业弹性大，尤其适合于货品品项很多的场合，故常被应用在多品种、少批量订单的拣选上，与拣选台车搭配最为常见。其拣选作业能力为 300 件/小时，错误率约为 0.01%。

5.3 RF 分拣系统使用方法及案例

5.3.1 物流配送 RF 分拣作业系统

济南某大型物流配送中心占地面积 20000 多平方米，共分为 2 层，每层高 10 米，建筑物内有多种形式的货架，并有 6000 多平方米贯穿 1、2 层的高位货架区，配送中心存储的商品大约有 60000 个品种，负责给旗下各门店进行商品配送。

物流配送 RF 作业系统是该物流中心管理系统（WMS 系统）的一个子系统，运行于整个系统的最前端，为作业人员提供高效、准确、实时的数据访问和录入，用于替代传统的纸张作业的管理模式，RF 系统包括 RF 服务器、RF 终端以及 RF 网络，RF 终端通过 RF 网络与 RF 服务器之间进行实时数据交换，然后由 RF 服务器完成与 WMS 系统的最终数据交换。在数据交换的过程中，RF 服务器会记录下所有终端的操作信息、数据交换信息以及对 WMS 系统的数据操作信息，以便于以后的系统管理。

作为 WMS 的一个子系统，此 RF 分拣系统主要的作业流程分为以下几个部分：

（1）负责操作人员作业权限管理。操作人员作业权限管理是建立权限管理系统，进行权限检测，让经过授权的用户可以正常合法地使用已授权的功能，而对那些未授权的非法客户拒之门外。一个好的权限管理系统应该对每一类或一个用户，分配不同的系统操作权限，并应具有扩展性。

（2）数据录入和数据认证。操作人员通过 RF 计算机网络进行数据的录入并对数据单进行审查和核对。

（3）传达指令和相关数据。通过 RF 计算机网络终端进行数据的输入和输出，同时传达作业指令，进行分拣作业。

（4）通过 RF 终端以作业向导的方式帮作业人员快速准确地完成作业。包括进货暂收、暂收转验入、验收作业、验收复检、叉车作业、VNA 叉车、滑道口装并板、整理区装并板、装车作业、盘点作业、复盘作业、储位检查作业等。

（5）准确跟踪物流配送中心的库存进出变动情况，对业务运营有着至关重要的作用。RF 计算机系统网络及时控制、跟踪库存的分拣情况，同时准确把握所有货品的调度信息。大家知道以手工、书面方式处理进货而出错所要付出代价是很高的。它会影响整个供应链的准确性和效率，因为一旦入库时出错，就会影响到下一步的整理、仓储、分拣、包装、分段运输及装运等环节。而 RF 分拣作业系统，可以通过实时的信息来提高操作的准确性，更清楚地了解货物的情况，从而实行优化供应链的战略。

在功能强大的移动手持终端上，通过无线局域网（WLAN）或无线广域网（WWAN），对退货、产品上架、库存控制、分拣验证和场所情况都实行 RF 分拣系统的管理，就能实时共享所获得的信息，及时了解到库存水平、订单状态以及货物的所有权状况，使客户能更清楚地了解物流配送中心的资产，跟踪到整个供应链的库存情况和订单状态，减少人工操作的差错，消除各种“瓶颈”问题。对这些过程实行自动化管理，不仅可以缩短交货时间，降低存货水平，而且还可以提高客户满意度和服务水平等。

物流配送 RF 作业系统本着准确、高效、高性能和低成本的设计原则和人性化的设计理念，通过采用 Symbol RF 高速无线网络系统来提高整个配送中心的数据传输的实时性，使用 Symbol 手持条码数据终端来减少人工干预、提高系统数据的准确性，可随时追踪商品所有信息，还可以帮助客户消除补货的各种不确定因素，并在减少库存、减少所需存储空间和提高配送效率的同时，提高客户服务质量和整体运营效率，为物流配送中心赢得真正的竞争优势。

实施全面的仓库配送系统可以帮客户认识到各种各样的益处，比如劳动生产率的巨大增长潜力、降低运行成本、实现 100% 的订单履行率、对库存的了解准确到 99.9% 以及降低机构的库存水平等。有了可通过无线连接提供实时准确信息的 Symbol 高级移动解决方案的帮助，客户就能以较低的成本实现与交易伙伴的协作与合作。除了企业资源规划（ERP）系统的各种应用程序外，我们的解决方案还可以与多数仓库管理系统（WMS）实现优势互补。

5.3.2 RF 分拣系统在上海邮政速递总包处理中的应用

因 RF 技术具有远距离、非“视线”识别、高速、多标签批量识别、无须人工干预、信息可擦写、可工作于各种恶劣环境等特点，非常适用于邮政生产作业。因此，在中国邮政第十个“五年计划”的科技发展规划中，就已将 RF 技术作为新技术应用的重点之一。2005 年年初，国家邮政局选择上海为试点，进行了“射频识别技术在上海邮政速递总包处理中的应用”实验。2005 年 12 月，项目通过初验，正式投入试运行。

上海邮政速递总包处理的生产过程主要包括电子化支局的收寄与封发，市内邮路转趟运输，沪青平速递处理中心总包接收、邮袋开拆、散件分拣、总包封发、总包并堆发运，市内驳运，虹桥机场及新客站转运站接收与分拣、干线发运。RF 识别系统由部署在市内速递邮件汇集点、沪青平处理中心、虹桥航站、新客站等生产场地的手持或固定 RF 阅读器及相关计算机系统以及在全市邮政支局（所）和各生产场地之间流转的射频袋牌及其调拨管理系统构成。

速递总包生产作业要求识读距离3～4米，且要求在一定条件下多标签批量识别，因此选择超高频频段的RF分拣识别系统。

从电子化支局封发到处理中心开拆前，采用RF只读的射频标签袋牌，附加绑定6字符条码信息，通过电子化支局操作时将射频标签信息与条码信息、总包业务信息绑定的方式，实现了全市约600个电子化支局原有的基于条码的信息系统与RF分拣系统的有效结合。这样，在电子化支局，不需要配备射频读写器，并可以利用原有的条码识读设备，最大限度地节省了投资。

在RF计算机网络处理中心封发到各转运站的总包处理中采用了可读写射频袋牌，实际记录邮政业务所需要的30位总包信息，与现有条码袋牌信息完全相同，适应邮政干线网信息传输要求。

RF分拣系统的实施能够与邮政生产的流程组织相结合，扬长避短，在上海邮政总包的处理中能够适应RF分拣系统的远距离、可穿透一般材料、多标签识读等特点的操作场景。在总包交接中，我们选择在逐袋卸车过程中进行信息采集；在总包分拣中，选择在供包工位进行信息采集，最大限度地提高了RF的识读率，也最大限度地解放了工人的双手与头脑，简化了操作的复杂度，从而在保证作业质量的同时提高了效率。

充分利用企业原有的信息网络资源，构建分布式的应用信息系统。在电子化支局实现分布式条码数据信息采集、射频标签ID与业务信息的绑定，在速递处理中心RF系统通过数据接口获得现有业务计算机系统发来的接收或发运邮件信息，在系统内完成数据的采集和数据转换，并将阅读的业务数据传递给相关的业务系统，从而实现与现有业务计算机系统的有机整合。通过RF在速递总包处理全过程的应用，实现了总包信息的多环节自动勾挑核对和自动分拣处理，实现了实物流和信息流的全过程统一。

上海邮政在使用RF分拣系统后取得的效果：

①装卸车识读率99.4%，分拣识读率100%（初验测试值）。

②处理中心内部速递作业和总包分拣处理可提高效率约20%。

③实现了交接时的信息自动核对、分拣时的信息自动采集。速递部门与邮运部门交接环节实现了即交即清。

④实现了各环节邮件处理时间信息的自动采集，支撑了物流网络优化。

⑤完善了速递总包跟踪查询的环节，避免了邮件延误和丢失，方便了质量考核，也提高了管理水平。

此外，RF 在上海速递应用的效益不仅体现在作业效率和服务质量的提高上，而且由于600 余个支局（所）每天可以循环使用射频标签，而不再使用一次性的条码标签，每年通过节省一次性条码标签的材料、设备损耗及人工成本可以减支 320000 元，同时预计得出 RF 分拣射频识别系统的投入可以在 5 ~6 年内收回。

5.3.3 应用西门子 RF 分拣技术，改善深圳某仓库的物流流程

深圳某物流公司的现状：现有仓库面积 1.5 万平方米，每天货物吞吐量约为 10000 个标准箱；现有工人 180 人，工作处于相对简单的操作状态。目前存货架在的问题是：每天收货、入库、拣货、配装、盘点等工作量大且烦琐，而且容易出错。各种数据都是通过人录入到电脑数据库中，工作效率低下。

针对此仓库的现有问题，西门子公司应用 RF 分拣和检测技术对物料流动的整个过程进行全程监控，使整个物流过程“透明化”，确保准确。

RF 是易于操控、使用简单且特别适合用于自动化控制的灵活性应用技术，其所具备的独特优越性是其他识别技术无法企及的。它既可支持只读工作模式也可支持读写工作模式，且无须接触或瞄准，可自由工作在各种恶劣环境下，可进行高度的数据集成。另外，由于该技术很难被仿冒、侵入，使 RF 具备了极高的安全防护能力。该技术无须人工接触、无须光学可视、无须人工干预即可完成信息输入和处理，操作快捷方便。与其他传统的识别技术如条码、磁卡、IC 卡等相比，它还有如下优点：无接触、防水、防磁、耐高温、使用寿命长、读取距离大，并且标签上数据可加密、存储数据容量可做得更大、存储信息更改自如等。

西门子在 RF 领域已经有长达 27 年的历史，其 RF 产品在世界工业生产加工领域一直处于领导地位，其最新推出的面向物流与零售业市场的 RF 产品引导物流行业进入数字化信息时代。

西门子公司对此物流公司进行的改造方案：

（1）完善信息功能，要建立好数据管理功能和采集网络化的搭建。物流配送系统的计算机通信网络，包括物流中心与供应商和制造商联系要通过计算机网络，如接受制造商的发货指令，就可以借助于电子数据交换技术（EDI）来自动实现。

（2）信息数据自动采集与传递。利用 RF 技术，使每个货架和托盘上放上电子标签。

货架上的电子货架标签的目的是：

①为了便于识别站号和位置。

②用于记录本货架目前存放的数量和种类。托盘上的电子标签是记录每一次装货的品种与数量，并随时与数据中心进行数据交换，便于记录和验证。

具体操作如下：

（1）入库。首先接受客户到货的（EDI）数据，电脑系统将自动转换成可识别数据进入数据库，并进行物品摆放分配预处理，等待本地数据反馈以确认。

货物到仓，当贴有电子标签的物品经过装有阅读器的大门时，数据将全部被自动采集，并传回计算机系统并与之前的 EDI 数据进行核对。如果正确，将会按预先分配好的位置摆放，同时刷新货架上的电子标签数据，货架上的电子标签数据同时反馈回计算机系统正式登录物品信息。如果数据与 EDI 数据不相符合时，则自动提示，并及时和客户沟通，以决定如何接收。如可以接收，则如实上架，同时刷新货架上的数据。

（2）出库。接收客户发货的 EDI 订单时，操作人员手持 PDA 或手持阅读器，去货架分拣货物，并同时刷新货架上的数据，再把分拣出的物品放在托盘上，同时对托盘上的标签进行数据记录，货品分拣出库。当经过装有阅读器大门时，阅读器将自动读取托盘上标签的数据，并传回数据中心与任务单进行比对，确认后放行。同时向客户发出送货 EDI，收到客户确认的收货 EDI 后，此批货物正式从计算机系统中出货。

（3）库存盘点。大型仓库内备件成千上万，货架盘点一次需要大量工作人员，同时人工记录每条信息的时间过长，盘点效率不高，又为保证一次盘点库存的完整性，通宵达旦，甚至闭库几天盘点。不但使参与盘点人员身心疲惫，而且耽误时间，直接影响作战保障。另外，库存盘点对准确性要求极高，因为任何一个不准确数据都会导致盘点库存与实际库存不符，形成虚假的库亏或库盈。

采用 RF 盘点，首先扫描每一货架上的电子标签数据，与计算机数据进行比对，由于 RF 具有同时多数据读取的特性，进行物品盘点时，也将节省大量时间。

由此我们得出：采用 RF 电子标签进行货物的分拣管理，操作简单，可靠性高，出入库记录完整，能够实时反映库存状态。因每一操作都必须得到验证，因而准确率接近 100%，可以优化库存结构，合理配置存储空间，减少重复劳动，降低了运输及仓储成本。

6 其他拣选系统

随着经济的不断发展，货物周转量越来越大，大量的物品需要通过分拣才能分配到各个用户，大量的各种类型的分拣系统逐渐被应用来完成分拣这项烦琐枯燥的工作。分拣系统规模越来越大，分拣能力越来越强，应用范围也越来越广，已经成为物流系统中的重要组成部分。随着商品品种的日益繁多，连锁销售配送中心的增多，多品种、高频次的商品拣选作业得到迅速发展。拣选作业是配送中心业务最大、劳动强度最强、出错率最高的作业。

近年来，根据不同的用户、不同的订单类型，出现了不同类型的拣选系统。

6.1 塔式推送拣选系统

6.1.1 塔式推送拣选系统特点

塔式推送式自动拣选系统（Wireless Digital Picking）由塔式分拣机和链板式输送机等组成，用于外形尺寸规范、分拣量较少的商品，如条烟、纸包医药等，塔式分拣机由多个通道组成，每个通道内放置同一品种的商品，且每次只分拣一个，如图 6 - 1 所示。

塔式分拣机为当前很具代表性的一种自动分拣设备，主要用于数量少、品种多的规状物的自动拣选。设备主要由库架通道、驱动装置、推出机构、机架、带式输送机及系统电控等组成。由于本设备大量采用模块化结构，故具有构造简单、故障少、便于维护和操作方便等特点。特别是物件推导式部分采取单元化后，突发的故障也能在短时间内更换完成。另外，

图 6－1　塔式推送拣选系统

动拣选系统的主要部位都设置有监测光电管，确认物件是否确实被自动推导完成。防止拣选物品的误差，同时确认库存通道的供应指示是否正常。

自塔式推送拣选系统是第二次世界大战后在美国、日本的物流中心中广泛采用的一种自动分拣系统，该系统目前已经成为发达国家大中型物流中心不可缺少的一部分。

6.1.2　塔式推送拣选系统设备结构

1. 设备结构特点

（1）双侧通道“人”字形排列结构。

（2）型钢机架。

（3）铝合金型材分拣通道。

（4）螺旋或齿形带推导机构。

（5）水平带式自动排序输送方式。

2. 主要技术参数

（1）分拣物件规格：

①W 40～300 毫米。

②L 20～200 毫米。

③H 10～80 毫米。

（2）最大通道数：80 个（一单元双侧）。

（3）单通道库存容量：125 件。

（4）单通道物件分拣周期：1.2 秒/件。

（5）运行噪声：≤70dB（A）。

6.1.3 塔式推送拣选系统的工作过程

对于配送和分拣业务量要求非常大的配送中心，比如烟草、医药、食品行业经常还会用到塔式分拣机，在我国塔式推送拣选系统常被应用于卷烟的制造和物流企业，下面就以烟草物流企业的自动拣选系统来说明塔式推送拣选系统的作业过程。

以香烟物流企业采用的是Ⅱ型塔式分拣机为例。这种塔式分拣机是在塔式分拣机的基础上的改进型，将直立式的烟仓改为侧卧式，又称卧式分拣机。其目的是增大烟仓的容量，减缓补烟的频率，提高烟仓的利用效率和主线的效率。同时将传输线的订单输送改为同步跟踪型，实现订单实时虚拟分区，使不同的订单量占用不同长度的虚拟分区，提高了处理效率。卧式分拣机结构与塔式分拣机类似，每个格口可进行一个品牌卷烟的分拣作业，根据分拣卷烟品牌的多少，我们可以组合相应数量的卧式分拣机组成卧式分拣系统。但是它和塔式分拣机相比的优势在于补烟，塔式分拣机需要人工补烟，劳动强度大，但是卧式可以经通道智能补货小车进行补货，每个智能补货小车负责一定数量的卧式机群，能够精确定位到每个格口，并很好地把烟送进格口。但还只是适合于需求比较少的香烟的品牌，不能满足需求比较大的品牌的香烟分拣。

Ⅱ型塔式分拣机的分拣是将订单按顺序逐单分拣，订单在传输线上按订单长度占据一定的虚拟区域。分拣时，条烟从烟仓里是一条一条被释放出来落在相应的订单区域里。其分拣效率由传输线的速度、条烟从烟仓里释放出来的周期以及订单出烟优化方式确定。根据销售数据和分拣策略，

B 类日均销售 5 ~ 100 件共 95 种上Ⅱ型塔式分拣机自动分拣，按每个品牌设置一个仓和 5 个预备仓，共设置 100 个仓。其中以 10 个仓为一个单元，共 10 个单元。两套自动分拣主线共设置 200 个仓位。Ⅱ型塔式分拣机的预存烟仓每仓可存 75 条，烟仓是以 5 条为一组装烟，操作时也是每次 5 条重叠装放，操作既简单又方便；因烟仓储存量大，量大品牌的采用多仓预储存，预存量更大，上烟操作间隔时间大，补烟频率低。Ⅱ型塔式分拣机传输线采用直线式皮带输送机，烟仓及条烟分离机构采用单元式排列在主线两侧，收烟装置采用单元式布置在主线尾端。整个系统布置灵活，适应流程性广，人机接口方便。

塔式推送拣选系统的拣选效率受各种客观因素的影响，影响 A – Frame 订单分拣能力（每小时处理的订单数）主要有：

（1）释出速度。速度越高，则分拣物品越快被释出到中心带上。

（2）订单结构。每订单行要求的数量越少，则处理订单数越高。与订单行数关系不大，当然订单物品数量越多，则占用中心皮带的空间越大，同一时间能处理的订单数就少。

（3）中心带长度。中心带越长，同一分拣线所能装放品种数越多，能在同一条分拣线的订单完成比率越高。

（4）中心皮带速度。该速度通常要与释出速度配合。

（5）装箱站换箱速度。通常，这是分拣能力的“瓶颈”。

6.2 通道式分拣系统

6.2.1 通道式分拣系统特点

通道式分拣系统由多台通道推送分拣机和链板输送机等组成，用于分拣量大的外形尺寸规范的商品，如条烟、纸包药品等，每台通道式分拣机可对大件商品进行分拣出货，在一定时间内只分拣且每次可分拣若干个同一品牌的商品。如图 6 – 2 所示。

图 6－2　通道式分拣系统

通道式分拣系统在应用中的主要参数如下：

（1）适宜于分拣各类小件商品，如食品、化妆品、衣物等。

（2）分拣出口多，可左右两侧分拣。

（3）分拣能力，一般达 6000～7700 个/小时。

6.2.2　通道式分拣系统使用方法

通道式分拣系统的基本使用方法与塔式分拣设备相同，但单次分拣量由通道机自身拨打结构结构决定（如 5 或是 5 的倍数）。通道式分拣输送系统是将随机的、不同类别、不同去向的物品，按其要求进行分类（按产品类别或产品目的的不同分）的一种物料搬运系统。它能连续、大批量地分拣货物，分拣误差率极低，分拣作业基本实现无人化。

以在卷烟物流行业使用的通道分拣机为例，通道分拣机包括缓存通道、烟条自动拨头以及其下端的自动输送设备等装置。其最大的特点是件烟补货，可以一次单条自动拨烟，也可以一次拨 5 条烟，其分拣效率可达 0.3 秒/条。通道分拣机是解决销售量大卷烟品牌的自动分拣的关键设备，其优点是自动分拣效率高、件烟补货，能科学地实现自动补货作业，其缺点是设备结构复杂、成本高。

系统自动对订单进行分解，通道式分拣机与塔式分拣机协同作业，将相应条烟分拣到各自的传送带上，烟条进入装箱系统的缓存带上，由装箱机完成装箱作业，并将装箱完成的周转箱输送到 DPS 系统拣选工位，此时系统自动判断是否需 DPS 系统参与拣选，如需 DPS 系统参与拣选，则 DPS 系统指示灯亮，同时各货格中的电子标签显示拣选数量，人工按指引拣选，完成后确认；如不需 DPS 系统参与拣选，周转箱则直接前往分拣出口。将周转箱装到托盘上，并备货到发货暂存区，分拣完成。

自动补货是分拣与件烟库之间的桥梁，根据分拣系统的分拣计划和完成情况，自动向分拣机烟仓补货。根据系统流程，流向自动分拣区的卷烟通过条码扫描，确定卷烟流向，进入补货输送线后分流，进入自动分拣区。卷烟进入自动分拣区补货线后根据自动分拣线的补货需求再次分流。从件烟库补充过来的件烟，信息管理系统通过条码扫描器读出该件烟的条码信息，从而确定该件烟是去自动分拣区一（通道分拣处理系统）、自动分拣区二（塔式分拣处理系统）或者自动分拣区三（通道分拣处理系统），信息管理系统将该件烟的路向信息交给控制系统，由控制系统控制执行机构将该件烟送入对应的补货输送线。分拣自动补货包括通道机自动补货和塔机自动补货。

从件烟库按批次出来的件烟，经过条码的识别确认后，在开箱工位经过人工开拆件烟两端后，A 类的品牌按批次顺序分别输送到两台Ⅱ型通道式分拣机的预定烟仓口，推烟机构一次将 50 条推入烟仓，空箱皮输送到输送线的尾端进入空箱回收线。

Ⅱ型通道分拣机是在通道分拣机的基础上的改进型，它将通道分离从单纯的一次分离 5 条改进为可分离 1、2、3、4、5 条，其目是增大出烟的组合，满足不同订单对条数的要求，解决对同一品牌需用不同的设备来处理的问题。50 条烟自动补入通道后，先进入储存段，过储存段后进入分离段进行前后排的分离，将 50 条分离成两段 25 条方式并进入出烟机构，出烟机构在控制的指令下，步进抽板动作，同时出烟皮带机转动，如出 1 条，步进抽板收缩 50 毫米，出一条烟，同理，步进抽板收缩多少步，出多少条。根据销售数据和分拣策略，大品牌 A 类日均销售大于 100 件共 30 种上Ⅱ型通道分拣机自动分拣，按每个品牌设置一个仓，共设置 30 个仓。两套自动分拣主线共设置了 60 个仓位。Ⅱ型通道分拣机的分拣效率是针对大品牌按条数来计算的，因可分离 1、2、3、4、5 条，不管订单单品牌卷烟的数量是多少，都能逐条进行分离分拣到单。Ⅱ型通道分拣机的预存烟仓每仓可存 3 件，烟仓是以 1 件为一次补烟，补烟频率低，接自动补烟。Ⅱ型通道分拣机传输线采用同步皮带输送机，速度高，订单虚拟长度大，订单与订单的距离可实时分配，处理效率高系统处理能力强，对订单数的多少和每订单内量的多少没有限制。

6.3 台车式拣选系统

6.3.1 台车式拣选系统概述

台车式拣选系统是 RF 分拣系统（无线数字传输显示拣传系统）中最常用的形式之一。它具有机动性好、成本低、操作简单等特点。

台车系统集无线网络通信技术、条码技术、电子标签分拣技术于一身，是一款软、硬结合的商品拣选设备，可应用在物流中心小件商品及拆包商品的拣选工作中。此系统还可以加入智能货位管理及商品路径优化新功能，在应用上大大提高商品拣选速度及准确率，降低人力成本及管理成本。

台车拣选系统一般是根据需要拣选的产品的特性来设计的，每次可以完成一个或多个订单的拣选任务。台车系统能结合纸张、无线终端 RF 和灯光拣选等技术实现应用，从而达到优化订单处理系统的效果。例如在批次拣选中，配有一台无线扫描器和一台车载式射频无线终端机的台车，可以通过无线终端接收到的指令一次完成多张订单的拣选。

6.3.2 台车式拣选系统特点

（1）可适应不同大小、重量、形状的各种不同商品。

（2）分拣时轻柔、准确。

（3）可向左、右两侧分拣，占地空间小。

（4）分拣时所需商品间隙小，分拣能力高达 18000 个/小时。

（5）机身长，最长达 110 米，出口多。

6.4 拣选叉车拣选系统

6.4.1 拣选叉车拣选系统的特点

拣选叉车拣选系统是 RF 分拣系统（无线数字传输显示拣传系统）中最常用的形式之一，它是在高位拣选叉车或拣选式巷道堆垛起重机上装置出入库显示终端，根据 WMS 和无线数字传输显示拣选系统进行作业。RF 分拣（条码拣选）建立在条码扫描技术以及无线通信技术的基础上，具有快速读取数据和采集信息的功能。在拣选系统中，借助手持式或固定式无线数据采集终端（RF Terminal），操作员和系统可以通过识读流转单上的流水号条码、货品上的条码、货位条码等，快速获得相应信息。毋庸置疑，条码扫描极大地提高了拣选效率及准确性，一般而言，条码扫描拣选的准确率可达 99% 以上（这里需要澄清：数据采集的准确率和订单履行的准确率是完全不同的概念）。然而，条码扫描并非终极解决方案，因为条码读取速度可能会受环境条件、光线、灰尘或污物和印刷质量等多方面因素的影响。

6.4.2 拣选叉车拣选系统的使用方法

当供应商或货主通知物流中心按配送指示发货时，拣选叉车拣选系统在最短的时间内从庞大的高层货存架存储系统中，准确找到要出库的商品所在位置，并按所需数量出库，将从不同储位上取出的不同数量的商品按配送地点的不同运送到不同的理货区域或配送站台集中，以便装车配送。

拣选式叉车的主要作用是高位拣货。操作台上的操作者可与装卸装置一起上下运动，并拣选储存在两侧货架内的货物，适用于多品种少量、入出库的特选式高层货架仓库。起升高度一般 4 ~6 米，最高可达 13 米，大大提高仓库空间利用率。为保证安全，操作台起升时，只能微动运行。

6.5 其他拣选系统

6.5.1 语音拣选

语音辅助拣选（Voice Picking），简称语音拣选，是一种利用语音的播报和识别并且调动操作人员的听觉达到自动拣选的作业方式。引进语音技术，从操作员角度看，双手、双眼获得全面解放，从而使整个拣选流程更为顺畅，并且改善了工作环境；从管理角度看，能够规范工作流程，减少人员培训工作量，并且实现有效的效绩评估。

语音拣选易于操作，可以简单地分为3个步骤：首先是操作员给系统一个提示，表示已经准备就绪。等待系统发送拣货指令；语音指令给出一个巷道号和货位号，系统要求操作员说出校验号，在操作员把这个校验号读给系统听后，如果系统确认无误，便会立即提示需要拣货的数量；最后操作员把相应货物拣出，向系统发出“完毕”的语音信号。此时，一个拣选过程结束，操作员等待系统发出下一个拣货指令。

成熟的语音拣选系统绝不是单纯的语音识别技术的应用，而需要在不同的工业环境中实现，并能方便地匹配各种操作流程。语音拣选具有灵活性好、效率高、准确率高的特点，并且有不同的软硬件配置可供选择。此项技术在欧、美、澳洲等地已应用多年，不乏大量的成功案例。目前，德马泰克语音技术已实现了中文版，语音技术必将成为企业物流管理拣选环节的明日之星。

6.5.2 机器人和自动导引车

机器人和自动导引车是提高仓库或配送中心自动化程度的重要标志。

机器人一般都配备机器视觉系统，相当于机器人的“眼睛”，使用复杂的图像处理算法，通过对产品形状、颜色等特征的分析完成对相应货物的精确分拣。机器人虽能大大提高拣选工作效率和准确率，终究受到购买与维护成本高、维护人才紧缺等因素的影响，不能得到广泛应用。

自动导引车可实现仓库或配送中心全部或局部自动化，与各类拣选技术结合，能做到兼顾效能与成本两个重要的因素。如语音技术与自动导引车集成的拣选方案，一旦操作员登入系统，自动导引车即启动，并根据系统指示到达所需工作的货位。与传统的采用叉车运送货物方式相比，采用自动导引车可以使拣选人员只专注于拣选工作本身，而无须驾驶、上下叉车，大大节省了拣选员在各个区域内行走的时间，提高了工作效率，并减轻了工作负荷。另外，自动导引车在系统的实时监控下，可以达到最大化的利用。避免闲置从而降低运行成本。

上面介绍了几种常见的拣选方式，值得注意的是，在具体的应用环境中，并非仅使用其中的某一种，更多的情况则是上述几种技术的协同配合、综合使用，以便最大限度地提高系统效率，为用户节省成本。

6.6 拣选系统供应商

（1）塔式分拣系统供应商：昆船物流信息产业有限公司、山西东方智能物流股份有限公司、上海宝偶物流设备有限公司、上海博奕物流技术有限公司、日东电子发展（深圳）有限公司、东联仓储设备有限公司、奥地利 ISA 公司。

（2）拣选叉车拣选系统供应商：昆船物流信息产业有限公司、山西东方智能物流股份有限公司、上海博奕物流技术有限公司、日东电子发展（深圳）有限公司、胜斐迩仓储系统（昆山）有限公司、奥地利 ISA 公司、上海诺瓦物流技术有限公司、北京高立开元数据有限公司。

（3）通道式分拣系统供应商：昆船物流信息产业有限公司、山西东方智能物流股份有限公司、上海博奕物流技术有限公司、日东电子发展（深圳）有限公司、东联仓储设备有限公司、奥地利 ISA 公司、邮政科学上海研究所。

（4）台车式拣选系统供应商：昆船物流信息产业有限公司、山西东方智能物流股份有限公司、上海宝偶物流设备有限公司、上海博奕物流技术有限公司、日东电子发展（深圳）有限公司、胜斐迩仓储系统（昆山）有限公司、上海同锐工业自动化设备有限公司、美国讯宝科技亚洲公司（中国总部）、奥地利ISA公司、大福自动化物流设备（上海）有限公司。

6.7 案例一：新型EKS系列拣选车

永恒力公司2009年春季推出两款新型电动工业车辆，即2系列和3系列垂直型拣选车（EKS 210及EKS 312）。其中，EKS 312是永恒力公司基于市场长期热销的3系列垂直型拣选车而推出的升级版本，而2系列垂直型拣选车（EKS 210）则是首次面市。“此次新品发布的主要推动力是物流业的发展以及近年来物料拣选作业的重要性在不断增加。”永恒力产品管理及营销部仓储系统事业分部负责人Sebastian Riedmaier说道：“基于客户需求，我们在开发新车时围绕提高拣选性能、延长使用寿命以及提高操作灵活性等目标，这也是我们选择推出两种不同的叉车设计理念的原因。”

新型EKS系列：RF技术提高了仓储运营的灵活性及生产力。

永恒力在CeMAT2008展会上首次展出了标配RF仓储导航设备的EKS 210/312垂直拣选车。通过该导航设备，EKS 210/312可与地面及仓储管理系统即时通信。“仓储管理系统可以直接向堆垛机控制设备传输信息。”Sebastian Riedmaier解释道。

“平行定位”及“货架高度选择”模块是仓储导航系统的基本要素。拣选车从仓储管理系统收到拣选工作指令后，操作人员只需通过操作终端点击鼠标接受指令。仓储管理系统将下一个拣选位置信息传送到叉车的控制单元。操作人员即可将车辆开向物料所在地。到达作业通道后，堆垛机便开始半自动化地进行存储摆放。“操作人员确认货架位置后，车辆可选取最短路线，以最低能耗和最佳速度到达指定位置，”Riedmaier继续说道，“而操作人员所要做的只是按下驾驶按钮。”

根据首次测试结果，该系统可将搬运周转量提升25%，并且因为无须指定行驶路线，也减少了操作人员的工作量。跟电子标签辅助分拣原理相似，车辆面向目标位置一侧装有指示灯，在车辆到达目的地时亮起，指示操作人员从左面或右面的货架上进行拣选。Riedmaier 说道："这极大提高了拣选质量。"

高度灵活：EKS 210 可在宽、窄通道内灵活行驶。

EKS 210 的小巧外形设计提高了操作的灵活度及敏捷性。该款车辆在永恒力的穆斯堡（Moosburg）工厂生产，叉车的车架仅宽 90 厘米、长不足 2.7 米。车辆的最高时速为 9 千米/小时，转弯半径仅为 1550 毫米。

该款堆垛机的有效载荷为 1000 千克，提升高度为 6000 毫米。经过优化设计的 EKS 210 在宽通道内非常灵活，但如果将其仓储管理系统集成，EKS 210 在窄通道中同样能够出色地完成任务。"这款具有高度灵活性的拣选车完全符合目前市场上的需求。" Riedmaier 强调道。

全系统集成：EKS 312 可在窄通道中实现高效率运作。

312 系列高性能车辆具有较高的有效载荷和稳定性，提升力高达 1200 千克。该款堆垛机的最大提升高度为 9500 毫米，最快速度达到 10.5 千米/小时。EKS 312 的全宽为 1 米，长 3.30 米，体积略高于 EKS 的 2 系列产品，其转弯半径为 1650 毫米。该款堆垛机可用来搬运大型的物件，同时也能与仓储管理系统整合使用，是窄通道作业的效率之选。

实地测试的结果显示，EKS 2 系列和 3 系列产品在性能及能效方面居于市场领先地位。Riedmaier 认为这主要得益于永恒力 12 年前已成功开发并推向市场的第四代三相交流电技术。此外，采用液压铸件单元制造的小型液压设备在提高产品性能方面也发挥了重要作用。"其内部阻力极低，减少了拣选车的能耗。"

人性化设计：以操作人员为中心。

永恒力的工程师在开发新型 EKS 系列产品的过程中主动与堆垛机操作人员沟通，进而制造出极具人性化的产品。新款车辆的台阶高度为 245 毫米，减少了操作人员进出车辆时其膝关节承受的压力，并提高了安全性。除了采用具有动感的清晰轮廓，驾驶室也更加宽敞。新车的驾驶室高度比上一款产品高 50 毫米，此外还配备了使用方便的储物盘，以便操作人员保持其工作空间的舒适与整洁。永恒力全景门架在车辆负载（载荷位于操作人员后方）前进时可有开阔的视野。

鉴于不同的应用情况对操作人员及车辆有不同的要求，EKS 安装了操作灵活、高度可调的操作面板。“操作人员无论高矮都可以很好地操作拣选车。”Sebastian Riedmaier 说道。另外，操作人员可以添加“驾驶”模块，进行高速、远距离行驶，在这种模式下，将负载放在操作人员后方，车辆向前行驶；如果使用“倒车”模块，操作人员则可以轻巧地进行车辆转向，提高了短距离的拣选效率。如要使用这种混合模式最好车辆的两边都可以使用操作面板。“在设计操作面板时，每一个细节方面我们都力求完美，”Riedmaier 说道，“我们的解决方案无须操作人员不断地进行转向，有助于保持其腿部健康。”拣选过程也使用了类似的解决方案。由于操作面板的尺寸很小，操作人员摆放前方托盘上的负载不需要再弯腰进行，可大幅减少罹患椎间盘突出的风险。标准化的辅助提升设备可通过按钮来进行拣选高度调节。

永恒力新型叉车系列还具有很多其他的特点，如维修间隔时间长、拥有成本低。EKS 采用了双通道冗余电脑系统，以超前的设计让用户提前体验未来的安全标准。另外，永恒力出厂服务部还可根据客户需要为其新车安装窄通道仓储专用的个人保护系统。

6.8 案例二：卷烟分拣系统的应用设计和发展趋势

自 2000 年开始，卷烟分拣系统在各地烟草公司陆续投入使用，历经 10 年的发展，通过不断创新和进步，卷烟分拣从电子标签分拣模式到立式、通道式分发机半自动分拣，甚至全自动补货、分拣、装箱、裹膜，分拣工艺和设备性能得到了较大提高和完善，为烟草公司更好地服务于消费者提供了更有力的支撑平台，也为提升我国烟草行业物流水平提供了有力的保障。

1. 卷烟分拣系统的合理规划和设计

对于烟草商业企业来说，合理的卷烟分拣系统意味着物流动线的通畅协调、分拣效率的稳定可靠和分拣质量的准确高效，充分响应国家烟草专卖局所倡导的“国家利益至上和消费者利益至上”的要求。卷烟分拣系统主要包括件烟托盘仓储、分拣前备货缓存及条烟分拣这三段流程，下面分别说明。

（1）件烟托盘仓储。烟草公司配送中心的仓储，主要分为三层货架存储和立库存储两种形式。这两种形式在国内都有大量的应用案例，属于较为成熟的应用模式，可根据各地烟草公司不同的年销量选择适合的形式。

（2）分拣前备货缓存。分拣前备货缓存顾名思义就是指在仓储与分拣之间的过渡缓存，其主要功能是用于向分拣线及时准确地补货，特别是针对A类品牌采用自动补货方式后，分拣前备货缓存的设计就显得更为重要。

经过国内各分拣系统供应商多年的研究，分拣前备货缓存的设计思路和工艺设备已经过了数次更新换代。经过不同规模烟草公司的应用和验证，已有数种成熟的模式值得推广。

①库内结合分拣线旁备货缓存模式。该模式采用库内结合分拣线旁缓存的方式进行分拣前件烟的备货缓存，适合采用三层货架平库的烟草公司使用。这种模式有效利用了库内空间和分拣区空间，通过LED显示屏提示补货的方式及时将分拣所需件烟送至分拣线旁，减少了占地面积，保证了补货的及时性。同时分拣区整洁有序、工作界面清晰。典型案例：嘉兴烟草公司。

②立库和件烟平库相结合的备货缓存模式。该模式采用立库和件烟库结合的模式分别处理A类、B类、C类卷烟，充分发挥不同设备的效能以达到及时补货的目的，适用于采用立库的烟草公司。

一般来说，由于A类品牌分拣耗量大，因此立库主要针对A类品牌进行补货。而对于分拣总量不大的B类、C类卷烟，其分拣耗量不稳定，如采用立库补货的方式会导致补货效率低，无法保证分拣所需件烟的及时补货，因此可采用件烟库的形式。根据自动化程度要求的不同，件烟库可采用件烟立库和件烟平库两种形式。

件烟立库是指将B类、C类卷烟以件烟的方式存储在立库中，而不是以往以托盘的形式进行存储。这种存储方式自动化程度高，有很大的灵活性，可根据分拣线的实际需求按件烟的实际耗量出库，避免整托盘的B类、C类卷烟多次重复出入库。典型案例：白沙烟草公司、青岛烟草公司。

件烟平库是指将B类、C类卷烟以整托盘形式提前由立库区备货缓存至件烟平库中，当分拣线需要时，由人工将所需的 B 类、C 类卷烟输送至分拣线旁。这种存储方式可将 B 类、C 类卷烟统一进行处理，占地面积不大，灵活性好，适用于不采用自动补货的烟草公司。典型案例：荷泽烟草公司。

③重力式缓存的备货缓存模式。该模式是采用重力式货架将全部上线品牌卷烟进行备货缓存的模式。重力式缓存入口端采用柔链升降的自动补货车代替大量普通输送设备，出口端采用可进行自动合分流的件烟升降设备进行处理，保证件烟输送的准确性。这种方式在有限的空间内充分利用高度进行件烟存储，同时可以兼顾全部的上线品牌；单通道存储单一品牌，分拣线之间补货互不干涉，是目前主要的一种应用方式。典型案例：南宁烟草公司、合肥烟草公司。

④密集缓存的备货缓存模式。密集缓存模式是昆船公司根据多年来烟草行业分拣系统的实施经验和发展趋势，研发出的新一代备货缓存模式，适合于年销售量在 16 万箱以上的烟草公司。这种缓存模式主要针对 A 类品牌的卷烟。由于 A 类品牌的卷烟分拣总量大、分拣消耗快，因此如何保证 A 类卷烟的及时补货尤为关键。虽然在 A 类烟自动补货方面也有采用堆叠式等其他形式，但都存在无法实现对分拣设备的“一对一”补货、分拣线之间补货互相干扰、对条烟挤压损伤等问题。而密集缓存方式的推出，使上述问题迎刃而解，整个补货动线流畅清晰，高效稳定运行。

（3）条烟分拣。如何针对不同烟草公司配送中心的实际情况进行合理的分拣线设计，取决于分拣工艺模式的选择和分拣设备的配置。并不是一种工艺模式或某些分拣设备就可以适用于所有的烟草公司，在设计的时候往往需要根据各地烟草公司的实际情况进行分析和研究。

卷烟分拣系统的定位决定了采用何种工艺模式，通常需要结合烟草公司的年销售量、销售品牌分布、场地条件、运行方式、自动化程度要求、投资水平等多方面进行决策。

一般说来，对于年销售量在 16 万箱以下的烟草公司，建议选用人工补货的 12000 条/小时的自动分拣线。其中 60%～80% 的卷烟采用整件补货的形式，20%～40% 的卷烟采用条烟补货的形式，这样既充分发挥操作人员的作用，又降低了劳动强度。在这样的分拣线配置中，分拣线人员配置数量及劳动强度与采用自动补货配置基本相同，但分拣线的占地面积与投资却大为减少，是一种性价比最高的配置方式。

对于年销量在 16 万箱以上的烟草公司，建议选用部分自动补货、部分人工补货的 15000 ~ 18000 条/小时的自动分拣线。其中 60% ~ 80% 的卷烟采用自动补货的形式，20% ~ 40% 的卷烟采用人工补货的形式，同时结合自动化程度较高的分拣前件烟备货缓存。这样既符合国家烟草专卖局关于"适度自动化"的要求，又提高了自动化程度，降低了操作人员的劳动强度。整个分拣场地人员配置较少，整洁高效。

2. 分拣工艺和设备的发展趋势

随着烟草公司需求的不断提高和分拣技术的不断进步，条烟分拣系统将具备更快的分拣速度、更稳定的分拣效率、更可靠的分拣质量和更完善的分拣功能。要做到以上几点，就对分拣工艺和分拣设备提出了更高的要求。

（1）分拣工艺的发展趋势。分拣工艺包括件烟补货工艺和条烟分拣工艺。

件烟补货工艺从最初的就地堆放发展到重力式缓存再到最新的密集缓存方式，从设计思路到设备选型不断地完善更新。在实现更加精细化、准确化、及时化的件烟补货的同时，减少了操作人员的无效搬运，提高了物流运行效率。针对不同烟草公司的销售规模，其发展方向有两类：

其一，对于 2 类、3 类配送中心采用人工辅助件烟按需补货至分拣线旁的工艺模式。从库区人工拆垛到操作人员补入分拣设备前，件烟只经过一次人工搬运，从而最大限度地降低人员配置和无效劳动，提高物流效率。

其二，对于一类配送中心，由于日分拣量较大且多采用托盘立库存储形式，为提高补货效率，适合采用自动化程度较高的密集存储结合重力式缓存模式进行件烟补货。在这种方式下，可针对 A、B、C 分类的卷烟通过合理的工艺设计达到对不同分拣线的精确补货。件烟在补货过程中互不干涉，同时还具有互补的功效，提高了系统的补货效率。即使订单波动很大，也可以保持稳定的分拣能力，保证烟草公司分拣的正常进行。

条烟分拣工艺的发展在国内可谓百花齐放、百家争鸣，主要包括串联模式、并联模式、复合模式等。随着条烟分拣新技术的不断开发和研究，其未来发展趋势将会充分采用预分拣技术。通过预分拣技术使条烟以紧密的方式进行输送，从而达到提高分拣能力的目的。目前国内的预分拣技术也是五花八门，但从其根本分析，昆船公司所采用的多线程同步分拣、无间隙作业方式无疑是最具稳定性的代表。这种模式既可以保证高速稳定的分拣效率，又对订单的波动具备很强的抗干扰性。同时在工艺布局方面遵循平面布局、人机工程优化等多方面因素，既充分利用空间进行设备的摆放，减少分拣车间内突兀的钢平台，又保证设备间合理的维修空间，使故障的处理与设备的检修极为方便，更利于烟草公司日常的设备保养和维护。

（2）分拣设备的发展趋势。有了先进合理的工艺布局，还需要高速稳定的分拣设备配合才能保证分拣系统的可靠性。如果分拣设备的能力先天不足，即使将其能力发挥到极致，也势必会导致系统的稳定性不高及受订单波动影响较大的结果，无法保证连续稳定的高速分拣。

昆船公司以强大的设计和生产能力，在对传统分拣设备进行升级的同时，成功研发出国内最快速的分拣设备——桥式分发机，在软件（工艺布局）先进合理的前提下配置性能优异的硬件（分拣设备），保证分拣系统的高速可靠运行。

在对传统分拣设备进行升级改造方面，昆船公司的立式分发机分拣能力已达到 14400 条/小时；通道式分发机合流能力已达到 22000 条/小时；卧式分发机分拣能力已达到 12000 条/小时。这些都属于国内领先的分拣水平。

新研发的桥式分发机，单机最低分拣能力 22000 条/小时，瞬时合流能力 32000 条/小时，可以说正是这些产品的不断升级和研发，才能够保证分拣系统处于良好的运行状态。

（3）分拣系统的可靠性发展趋势。分拣系统是一个多单元组成的系统，相互之间环环相扣。为了保证系统的高速稳定运行，还需要在多个方面进行完善和优化，才能达到最终的设计目的。

对于烟草公司来说，保证分拣质量是配送的前提，因为一旦发生串烟、错烟现象，其后续处理都非常麻烦。虽然在分拣环节采取了多种自动或人为的检验措施，但往往还是不能避免的。因此如何保证分拣的准确性，避免各种人为或设备差错就成为分拣系统发展的一个趋势。昆船公司除在各个分拣环节有多重检测手段外，为保证分拣的准确性，采用了自动条烟复核的方式，不但可保证订单中条烟数量的准确性，同时可保证条烟品牌的准确性。这样既保证了分拣质量，又减少了后续人工复核的烦琐，使整个分拣过程通畅连续。

3. 供应商协作服务

卷烟分拣系统的设计是一项工程，同时也是一门艺术。如何以更经济、更合理、更流畅的方式实现卷烟的分拣，达到配送中心的高效运转，需要设备供应商在各方面都具备很强的实力。一个合理的分拣系统，不但在工艺布局及设备选型上要先进合理，而且需要设备供应商有过硬的设计能力、生产制造能力和售后服务保障能力，而不是东拼西凑组合成一个分拣系统。只有这样才能够保证系统的稳定运行、后续的维护方便和未来的升级发展。因此对于烟草公司来说，选择一个具备设计、制造和维护实力的设备供应商也是需要重点考虑的问题。

相关链接：昆船公司是中央直属国有大型企业集团，拥有国家认定技术中心、博士后工作站、国家级实验室，技术研发实力雄厚，加工制造装备精良。目前，昆船物流已成功进入烟草工业、烟草商业、医药、食品、金融、图书、电力、军方、机械制造、汽车制造、科研院校等领域，至2008年年底，已完成自动化物流系统项目300余项，整体技术水平处于国内先进水平，部分技术处于国际领先水平。鉴于昆船物流的高新技术水平和先进加工装备的质量保障，昆船物流产品荣获“云南省名牌”和“中国名牌”称号。

烟草行业一直是昆船物流的主业。昆船公司非常熟悉该行业的特性和需求，自2002年起，率先在深圳烟草公司实施条烟自动分拣配送，率先创新开发A型架分拣机，白沙项目中又率先将条烟横拨改进为直拨，曲靖项目中率先采用并行分拣模式和热缩膜包装，之后，成功开发高速桥式分拣机，昆船物流始终保持了技术领先“排头兵”的地位，不少技术也同样领先或达到国际先进水平。目前，昆船拥有立式（单道/双道）、通道式、卧式、桥式等条烟分拣机，以及自动开箱机，分合流机，槽型、垛型条烟补

货车，提篮式、重力式、侧立式件烟密集缓存机等各类设备，可实现多种串行、并行、复合分拣工艺模式，满足5万~120万箱销售规模的不同卷烟配送中心的个性需求，并已先后为遍布全国的80余家烟草公司进行了卷烟配送中心的规划和建设，在烟草商业配送领域具有丰富的应用经验和雄厚的开发实力，产品质量稳定可靠，获得了用户的广泛好评。

从卷烟成品自动立库仓储的巷道堆垛机、件烟自动缓存的连续补货机，到分拣配送开箱机、分发机等各类设备，昆船公司是业内产品系列最齐全、能提供最完整的卷烟配送系统解决方案的厂商，在系统集成的全局性、分拣接口的无缝性等方面有着独特的优势。

参考文献

[1] 郭元萍. 仓储管理与实务[M]. 北京：中国轻工业出版社. 2006：240.

[2] 于承新，赵莉. 物流设施与设备. [M]. 北京：经济科学出版社. 2007：149－167.

[3] 潘安定. 物流技术与设备 [M]. 广州：华南理工大学出版社. 2006：241－243.

[4] 左生龙，刘军. 现代仓储作业管理 [M]. 北京：中国物资出版社. 2006：28－30.

[5] 汪冬，魏洪河，谭春琴. 邮包自动分拣系统的设计 [J]. 机电工程，2004 (8).

[6] 许胜余. 自动分拣系统及其应用 [J]. 物流技术与应用，2002 (2).

[7] 黄启明. 自动分拣系统及其应用前景分析 [J]. 物流技术，2002 (5).

[8] 宋召卫. 我国自动分拣技术及其应用 [J]. 中国物流与采购，2003 (6).

[9] 金涧，孙壮志，赵汝雄，董维富. 北京烟草物流中心卷烟自动分拣系统 [EB/OL]. [2007－05－30] http：//www.chinawuliu.com.cn/oth/content/200705/2007/3315.html.

[10] 王金萍. 物流设施与设备 [M]. 大连：东北财经大学出版社，2006.

[11] 鲁晓春. 物流设施与设备 [M]. 北京：清华大学出版社，2005.

[12] 唐纳德·沃特斯. 物流管理概论 [M]. 刘秉镰，韩勇，译. 北京：电子工业出版社，2004.